从宏的基础知识到自动化处理

操作技巧一应俱全

全彩印刷

Excel
VBA与宏
最强教科书

[完全版]

[日] 国本温子　著

祁芬芬　译

U0244629

中国青年出版社

图书在版编目（CIP）数据

Excel VBA与宏最强教科书: 完全版 / （日）国本温子著; 祁芬芬译. —北京: 中国青年出版社, 2022.1（2025.1重印）
ISBN 978-7-5153-6505-3

Ⅰ.①E… Ⅱ.①国… ②祁… Ⅲ.①表处理软件—教材 Ⅳ.①TP391.13

中国版本图书馆CIP数据核字（2021）第171230号

版权登记号: 01-2020-2817
Excel Macro&VBA [Jissen Business Nyumon Kouza][Kanzenban]
Copyright © 2019 Atsuko Kunimoto
Originally published in Japan by SB Creative Corp.
Chinese (in simplified character only) translation rights arranged with
SB Creative Corp., Tokyo through CREEK & RIVER Co., Ltd.
All rights reserved.

侵权举报电话

全国"扫黄打非"工作小组办公室	中国青年出版社
010-65212870	010-59231565
http://www.shdf.gov.cn	E-mail: editor@cypmedia.com

Excel VBA与宏最强教科书：完全版

著　　者： ［日］国本温子
译　　者： 祁芬芬

编辑制作： 北京中青雄狮数码传媒科技有限公司
主　　编： 张鹏
策划编辑： 张鹏
执行编辑： 张沣
责任编辑： 徐安维
营销编辑： 时宇飞
封面设计： 乌兰
出版发行： 中国青年出版社
社　　址： 北京市东城区东四十二条21号
网　　址： www.cyp.com.cn
电　　话： 010-59231565
传　　真： 010-59231381

印　　刷： 天津融正印刷有限公司
规　　格： 880mm×1230mm　1/32
印　　张： 13.25
字　　数： 386千字
版　　次： 2022年1月北京第1版
印　　次： 2025年1月第6次印刷
书　　号： ISBN 978-7-5153-6505-3
定　　价： 89.80元
（附赠超值秘料，含案例文件，关注封底公众号获取）

如有印装质量问题，请与本社联系调换
电话：010-59231565
读者来信：reader@cypmedia.com
投稿邮箱：author@cypmedia.com

前 言

　　Excel是一款拥有强大功能的优秀软件。在每天的工作中，很多人都会使用Excel进行数据统计和分析。这些工作需要耗费大量的时间。

　　在工作中应用Excel，可以使很多操作实现自动化，高效地推进工作进度。

　　Excel的宏记录和VBA功能非常强大。掌握这些功能，并善加利用，就可能将耗时耗力的工作转为自动化，瞬间完成。

　　本书介绍了宏的记录；VBA的基础知识；单元格、工作表和工作簿的基础操作；数据的排列、提取、统计和展示等；打印；函数的自定义；用户窗体的运用操作等。结合大量参考示例，并详细讲解，能够让所学知识在实际工作中发挥有效的作用。

　　此外，本书不仅介绍简单的实例，还介绍了可应用的实例。当然，在实际业务处理中，代码会相应变长、变复杂。在实例中，可能有的代码比较难以理解，为了让初学者能够学会，笔者会尽量详尽、通俗地解说。所以，只要仔细阅读，就一定能理解的。

　　本书以附件的形式准备了VBA实用范例，也请大家挑战一下。

　　即使是VBA初学者，如果在使用本书的过程中，能实际地输入代码、编写程序，那么一定能学会运用VBA。

　　如果本书能帮助大家掌握工作技能并提升工作效率，笔者将不胜荣幸。

　　最后，十分感谢为本书的顺利出版而尽心尽力的各位朋友。

国本 温子

本书的使用方法

本书是面向Excel宏和VBA初学者的入门书。本书对Excel VBA的知识点进行了详细解说，无论是重新学习的人，还是初学者都能学会，不会有挫折感。并且，为了让大家系统、高效地学习，我们在解说和结构上也下了很大功夫。

版面结构示例

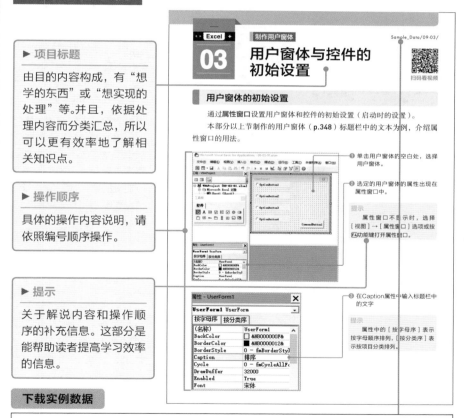

▶ 项目标题

由目的内容构成，有"想学的东西"或"想实现的处理"等。并且，依据处理内容而分类汇总，所以可以更有效率地了解相关知识点。

▶ 操作顺序

具体的操作内容说明，请依照编号顺序操作。

▶ 提示

关于解说内容和操作顺序的补充信息。这部分是能帮助读者提高学习效率的信息。

下载实例数据

本书适用于Excel 2019/2016/2013/Office 365版本。读者可以通过以下网址，获取本书的案例文件。

https://isbn.sbcr.jp/99110/

▌本节用户窗体概要

本部分制作的内容为，**使用在两个复合框中选择的值（○岁以上，○岁以下）检索"顾客一览"工作表中的第10列（年龄列），并将检索结果输出到"提取结果"工作表中。**

格式 》 **AddItem方法**

对象.AddItem(*item*, [*varIndex*])

参数　*item*　：指定在列表框中添加的项目。
　　　varIndex：用整数0指定添加项目的添加行首行。省略时自上向下按顺序设置。

打开用户窗体前运行以下过程，为列表框中添加"优质""黄金""正式"3个选项。

样本　**为列表框添加项目**　　　　　　　　　　09-08-01.xlsm

```
Private Sub UserForm_Initialize()
    ListBox1.AddItem "优质"
    ListBox1.AddItem "黄金"
    ListBox1.AddItem "正式"
End Sub
```

实用的专业技巧! 通过单元格区域指定列表框中的项目

列表框中的显示项目还可以通过指定工作表中单元格区域的方式来指定，使用RowSource属性即可。在列表框中添加"级别"工作表A1:A3单元格区域的值的代码如下。

样本　**通过指定工作表与单元格区域的方法添加项目**

```
Private Sub UserForm_Initialize()
    ListBox1.RowSource = "级别!A1:A3"
End Sub
```

另外需要注意，使用RowSource属性后无法再使用AddItem方法。

笔记

本示例中设置了Modeless（p.359），用户窗体打开期间可以选择单元格。

▶ **解说**

关于宏和VBA，笔者会尽量详尽地解说，其中的重要部分还标上了黄色。

▶ **语法格式**

对于VBA的语法格式，笔者会尽量详尽说明，使其易于理解。通过参考语法格式，实际编写代码时能加深理解。

▶ **实例代码（Sample）**

提供了很多实用性强的实例代码。不仅能学会基础知识，在工作上也能立即灵活应用起来。由于本书中提供的实例代码能让各种操作变得简单、容易实现。

▶ **实用的专业技巧！**

为了方便使用方法和应用范例，介绍的都是在实际业务中实用的信息。工作中使用宏或VBA的人一定要看这部分。

▶ **笔记**

为了帮助读者更深刻地理解介绍的内容，此处拓展了更广范围的必要信息。

下载实例数据

本书中介绍的Excel宏、VBA的实例，可以从本书的支持网站上下载。在学习的过程中，请一定充分利用。

https://isbn.sbcr.jp/99110/

❶ 打开浏览器，输入以上网址，则显示本书的支持网站。

❷ 将界面向下滑动到底部，在**"支持信息"**区域，双击实例的下载链接。

❸ 仔细阅读"使用注意"，只有在同意之后，才能单击下载数据的链接。然后，开始实例数据的下载。

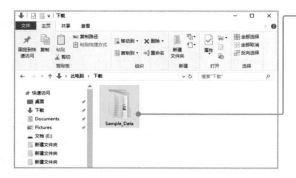

④ 将"Sample_Data.zip"下载到指定位置，单击鼠标右键，在快捷菜单中选择"打开"命令。

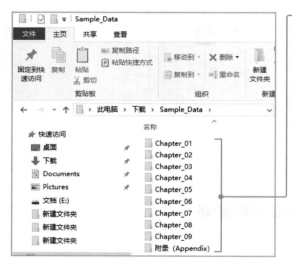

⑤ 打开压缩文件。Excel文件是按章分布的，所以双击目标章节的文件夹即可。

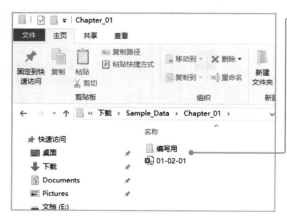

⑥ 可以查看本书介绍的实例数据。

提示

关于下载的Excel工作表（.xlsx），或启用了Excel宏数据表（.xlsm）的使用方法，在p.3中右详细介绍。

2

实例数据的使用方法

使用本书中的实例数据时，请按照以下顺序进行。

❶ 实例数据是按章分类的，双击目标章（或附录）的文件夹，将其打开。

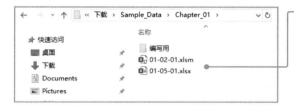

❷ 双击目标Excel数据表（.xlsx）或启用了Excel宏的数据表（.xlsm）。

提示

在示例文件夹中，准备了删除了宏但保留了工作表中的图标等的文件。如果想要亲自输入代码时，可以使用这些。

❸ 会显示"安全警告"的提示信息，单击［启用内容］按钮。

❹ 这样就能使用宏了。运行宏或编辑VBA时，单击［开发工具］选项卡→［宏］按钮。

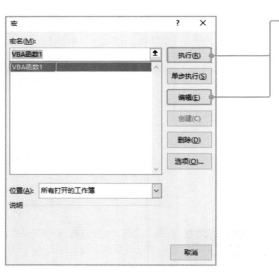

❺ 显示［宏］对话框。运行宏的话，需要选择对象宏，单击［执行］按钮。编辑宏的内容时，需要选择对象宏，单击［编辑］按钮。

提示

关于［宏］对话框的操作方法、宏的运行方法、宏的编辑方法等，将在本书中详细介绍。

目 录 》》》

第 **4** 章 | **单元格基本操作与实例** 99

第 5 章　工作表和工作簿基本操作与实例　　173

第 8 章 │ 学到就是赚到的实用功能 317

第 9 章 │ 玩转用户窗体 345

第 1 章

Excel宏命令
初体验

本章面向"宏"命令初学者，
零起点详细讲解，是迈向"操作自
动化"的第一步。

01 宏

扫码看视频

宏，让复杂的操作自动化

使用Excel统计与分析销售额、向客户管理表添加信息、打印账单……我们每天要花费数小时，有时甚至是一整天完成以上这些日常例行工作。每项工作都很重要，而且不能不做。通过本书内容的学习，可以让**这些工作全部或部分实现自动化**。

Excel中自带一项名为**"宏"的自动化处理功能**。使用该功能，可以使一系列操作自动化。例如，"使用工作表数据生成图表并打印"，这一系列操作只需要单击鼠标就可以自动执行。**灵活运用宏功能，可以瞬间完成原本需要数小时**才能完成的操作。

● 使用宏进行自动化操作

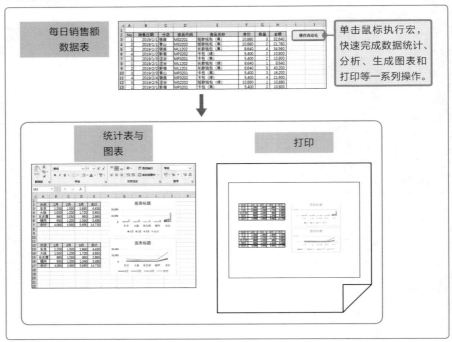

初学者之宏命令速成

"**Excel操作自动化**",换言之,"**命令计算机执行操作**"。对计算机发出的命令叫作"**程序**",通常,我们使用"**编程语言**"编写程序。

看到这些,有些读者会认为"要学的东西好像特别难"。请放心,使用一般编程语言编写程序前,必须记下相应的语言规则。**而在Excel中可以利用其自带的"录制宏"功能,无须记忆规则就可以编制出简单的自动化程序**。该功能十分强大,即使不擅长计算机操作的人也能快速掌握。具体操作方法接下来将详细说明,请大家边学习边操作。

> **笔记**
>
> 在Excel中编写程序时,使用名为**VBA**(Visual Basic for Applications)的Microsoft Office专用编程语言。如上所述,Excel自带的无须编程的好帮手"录制宏"功能,在入门阶段大家不需要记忆编程语言的详细规则。

录制宏

"**录制宏**"是一项用来**记录在Excel中操作的功能**。启动该功能后,实际操作一遍希望被自动化的操作,所有的操作将被保存到"**宏**"。之后只需要执行该宏,即可简单快速地再次执行相同的操作。

● **宏的录制·执行流程**

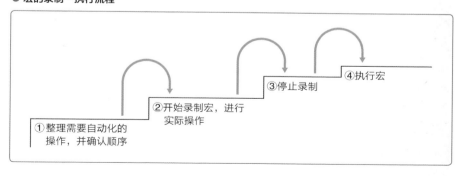

①整理需要自动化的
　操作,并确认顺序

②开始录制宏,进行
　实际操作

③停止录制

④执行宏

因此，建议初学者从"录制宏"学起。不需要记忆烦琐的编程语言规则，就可以体验自动化的便捷。

"录制宏"操作简便，且功能强大。**录制的内容几乎涵盖Excel中所有的操作**，如输入文字、选择单元格、排序等。不同操作互相搭配，可以满足各种自动化需求。

启动［开发工具］选项卡

使用"录制宏"功能前，依次执行下列操作，启动Excel功能区中的［**开发工具**］选项卡。［开发工具］选项卡中有和宏相关的系列选项。

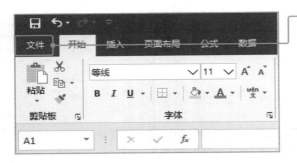

❶ 单击［文件］标签。

❷ 选择［选项］选项。

提示

右击Excel功能区，在菜单列表中选择［自定义功能区］命令，也可打开［Excel选项］对话框。

4

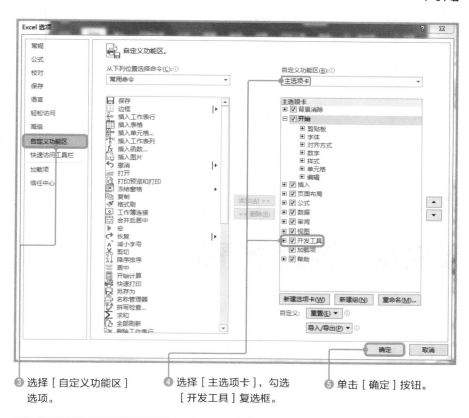

❸ 选择［自定义功能区］选项。

❹ 选择［主选项卡］，勾选［开发工具］复选框。

❺ 单击［确定］按钮。

❻ 显示［开发工具］选项卡。

❼ 选项卡中自带多个宏相关按钮。

第1章 Excel宏命令初体验

> • 笔记 •
>
> 在上述［Excel选项］对话框中选择［自定义功能区］选项，可以自定义Excel功能区中的显示内容。

02 宏的录制与运行

扫码看视频

"**录制宏**"功能通过记录Excel中的操作生成宏命令。实践比文字好理解，请大家参照以下顺序操作起来。

录制

首先，按以下顺序来录制Excel中的操作。

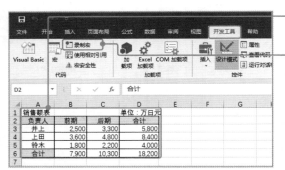

❶ 在新建的工作表中输入数据（表格内容不限）。

❷ 单击［开发工具］→［录制宏］按钮。

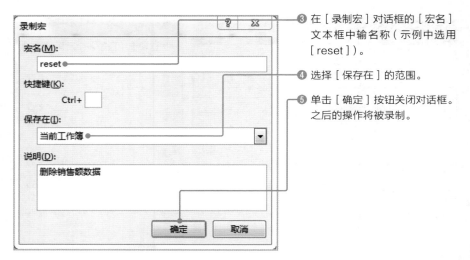

❸ 在［录制宏］对话框的［宏名］文本框中输名称（示例中选用［reset］）。

❹ 选择［保存在］的范围。

❺ 单击［确定］按钮关闭对话框。之后的操作将被录制。

> **笔 记**
>
> 宏名称中可使用汉字、字母、数字与_（下划线），首位不可是数字。

▲	A	B	C	D
1	销售额表			单位：万日元
2	负责人	前期	后期	合计
3	井上	2,500	3,300	5,800
4	上田	3,600	4,800	8,400
5	铃木	1,800	2,200	4,000
6	合计	7,900	10,300	18,200
7				

⑥ 选择B3:C5单元格区域。

▲	A	B	C	D
1	销售额表			单位：万日元
2	负责人	前期	后期	合计
3	井上			0
4	上田			0
5	铃木			0
6	合计	0	0	0
7				

⑦ 按 Delete 键删除数据，并选择 B3单元格。

⑧ 单击［停止录制］按钮，结束录制。

以上进行的3项操作被录制为名为reset的宏。

- 选择B3:C5单元格区域。
- 删除B3:C5单元格区域内的数据。
- 选择B3单元格。

运行宏reset后可以快速执行相同操作。下节将介绍运行宏的方法。

宏录制过程中出现误操作时如何处理

若宏录制时出现误操作，单击快捷访问工具栏上的［撤销］按钮，撤销当前操作。撤销的操作不会被记录。

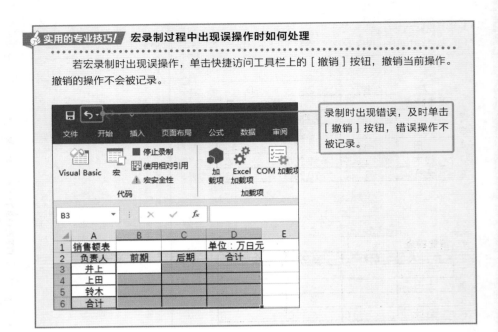

录制时出现错误，及时单击［撤销］按钮，错误操作不被记录。

运行

宏可以重现录制的操作。实际运行宏reset，查看操作。

为确认运行结果，在B3:C5单元格区域内输入任意数据后再按以下顺序操作。

❶ 在B3:C5单元格区域内输入任意数值。

❷ 单击［开发工具］→［宏］按钮。

❸ 选择要运行的宏，单击［执行］按钮。

❹ 运行宏reset，重现刚刚录制的操作。

感觉如何？相信大家已经了解使用Excel宏录制功能，不需要任何编程知识，就可以实现操作的自动化。认为自己对计算机知识了解甚少的人也可以放心大胆地继续学习啦。

如上所述，熟练运用"录制宏"功能，可以实现各种操作的自动化。接下来继续为大家介绍该功能。

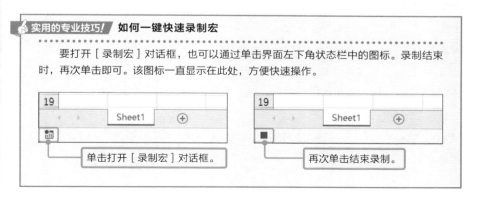

实用的专业技巧！　如何一键快速录制宏

要打开［录制宏］对话框，也可以通过单击界面左下角状态栏中的图标。录制结束时，再次单击即可。该图标一直显示在此处，方便快速操作。

单击打开［录制宏］对话框。

再次单击结束录制。

宏基础知识

03 ［宏］对话框的基本操作

扫码看视频

对话框中各名称与功能

　　［**宏**］对话框中显示已录制好的宏。我们可以对录制好的宏进行执行、编辑和删除等操作。

提示

　　按 [Alt] + [F8] 组合键也可以打开［宏］对话框。

● ［**宏**］对话框中各部分名称与功能

按钮名 / 选项名	功能
执行	执行宏命令
单步执行	启动VBE，以单个方式（单个命令）执行（**p.94**）
编辑	启动VBE，打开宏编辑界面（**p.12**）
创建	在［宏名］文本框中输入新的宏名，并启动VBE，打开编程界面
删除	删除宏
选项	打开［宏选项］对话框，可添加快捷键和说明
位置	指定对话框中的宏一览

［宏选项］对话框

单击［**宏**］**对话框**中的［**选项**］**按钮**，打开［**宏选项**］**对话框**。

用户可在该对话框中**设置运行宏的快捷键**，当频繁使用某宏时，设置快捷键更方便。快捷键可以是 **Ctrl** 键+字母或 **Ctrl** 键+ **Shift** 键+字母的组合。

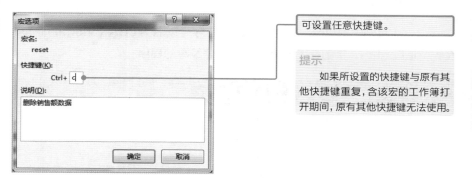

可设置任意快捷键。

提示

如果所设置的快捷键与原有其他快捷键重复，含该宏的工作簿打开期间，原有其他快捷键无法使用。

宏的位置

［**位置**］列表中显示指定工作簿中所有的宏。选择［**当前工作簿**］选项，只显示当前使用工作簿中的宏。选择［01-02-01.xlsm］选项，则只显示01-02-01工作簿内的宏。

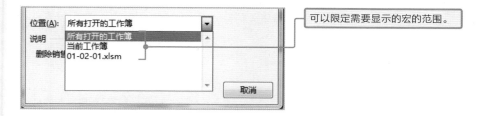

可以限定需要显示的宏的范围。

04 查看宏内容

扫码看视频

宏与VBA

通过 [录制宏] 功能生成的宏，内容实际是以名为**VBA（Visual Basic for Applications）**的Office专用编程语言编写的程序。

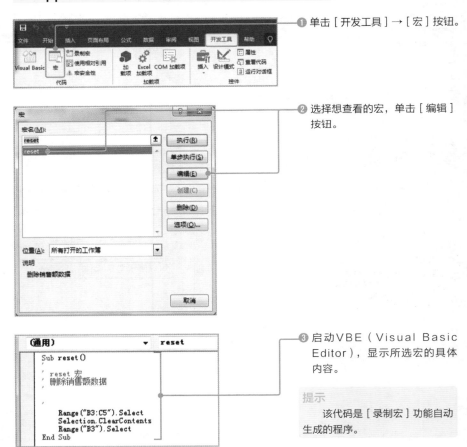

❶ 单击 [开发工具] → [宏] 按钮。

❷ 选择想查看的宏，单击 [编辑] 按钮。

❸ 启动VBE（Visual Basic Editor），显示所选宏的具体内容。

提示

该代码是 [录制宏] 功能自动生成的程序。

> **笔记**
>
> VBE（Visual Basic Editor）是编写VBA程序的Excel自带工具。它让复杂的VBA程序编写变得简单。具体的用法将在**p.24**后详细说明。

专栏

试着来读一读宏吧！

试着读一读打开的宏的内容。现阶段暂时不详细说明，大家先熟悉一下，有个大概的印象。看完解释，大家应该能大致明白记录的操作和最终生成的程序之间的关系。

Excel的宏（VBA程序）以"Sub 宏名()"开头，"End Sub"结尾，两者中间是具体的操作内容，如下图所示。

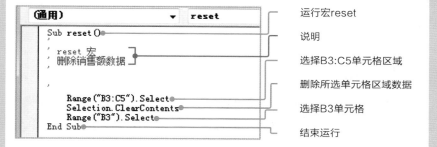

上述名为reset的宏中记录的各种操作，与**p.6**中录制下来的操作内容一致。

另外，绿色部分为"说明"。说明不属于实际运行部分，仅是说明文字（**p.29**）。

05 修改宏

用户可以通过下述两种方法修改已有宏的内容。

- 删除目标宏内容，重新录制。
- 使用VBE修改宏内容。

目前还没有解释过VBE的具体用法，看到"使用VBE修改"可能会有读者觉得有难度。请大家不要担心，如果宏内容本身比较简单，修改起来也很容易。下面用一个简单的例子，演示如何修改宏。

使用VBE修改宏

通过VBE修改之前操作生成的宏reset（**p.6**）时，请按下列顺序操作。本次修改内容为：将运行过程中的最后一步选中B3单元格改为选中A1单元格。

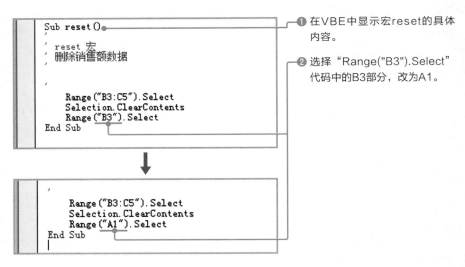

❶ 在VBE中显示宏reset的具体内容。

❷ 选择"Range("B3").Select"代码中的B3部分，改为A1。

至此，通过VBE对宏的修改完成。是不是比想象的简单呢？如前页所述，简单地修改可以迅速完成。即便是复杂的宏，如果把它划分成各小部分再来看，要做的工作也基本一样。熟知宏的内容，就可以快速完成修改。

> **笔记**
>
> 如果删除"Sub 宏名"~"End Sub"的所有内容，则该宏被删除。

确认修改后的操作

修改宏后，需要实际运行一次来确认修改后的内容是否正确。这里为大家介绍如何在VBE中运行宏。

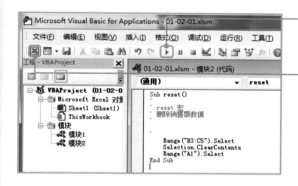

❶ 光标定位在代码中，单击VBE窗口中［运行子过程］→［用户窗体］按钮运行宏。

❷ 单击工具栏左端的［视图 Microsoft Excel］按钮，切回Excel界面。

❸ 执行宏reset，操作完成后选中A1单元格。

15

宏的运行

Sample_Data/01-06/

06 设置宏命令执行按钮

扫码看视频

在工作表上添加执行按钮

运行宏时，每次都单击［开发工具］→［宏］按钮，打开［宏］对话框，再单击［执行］按钮（**p.8**）。重复这些操作有些麻烦，如果宏的利用频率较高，可以在工作表上设置一个专用的执行按钮。

❶ 单击［开发工具］→［插入］下三角按钮。

❷ 在［表单控件］区域中选择［按钮（窗体控件）］选项。

❸ 在工作表中选择插入执行按钮的区域。

提示

　　同时按住 Alt 键，可保持所选区域边框与单元格边框一致。

❹ 在打开的［指定宏］对话框中选择按钮要执行的宏。

❺ 单击［确定］按钮。

❻ 将按钮名称改为reset，单击任意单元格完成设置。

❼ 光标位于按钮上时显示为手指形状，确认后单击即可执行选中宏的操作。

专栏

编辑按钮

☑ 更改按钮名称

①在按钮上单击鼠标右键，在打开的快捷菜单中选择［编辑文字］命令。

②按钮中文字处有光标闪烁时，即可修改名称。

☑ 移动/删除/改变按钮大小

按 Ctrl 键同时单击按钮，激活编辑状态，进行如下操作。

- 移动：拖动按钮边框。
- 改变大小：拖动白色○部分。
- 删除：按 Delete 键。

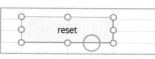

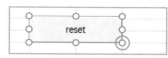

添加宏命令执行按钮至快速访问工具栏

　　我们也可以将宏命令执行按钮添加到快速访问工具栏。宏用于同一工作簿内的多个工作表时，比起在各工作表内设置专用执行按钮，将其设置在快速访问工具栏中会更方便。

　　同时，设置该按钮为工作簿打开时显示，可以避免对其他工作簿造成误操作。

① 单击［自定义快速访问工具栏］下三角按钮。

② 选择［其他命令］选项。

③ 选择［快速访问工具栏］选项。
④ 在［从下列位置选择命令］中选择［宏］。
⑤ 在［自定义快速访问工具栏］中选择［用于"工作簿名"］。

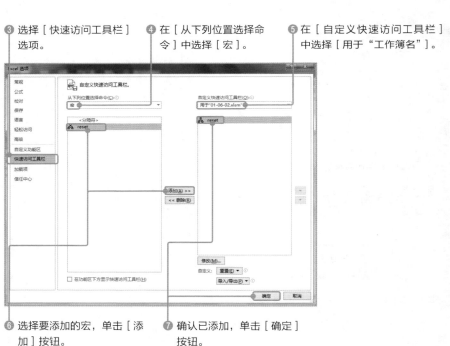

⑥ 选择要添加的宏，单击［添加］按钮。
⑦ 确认已添加，单击［确定］按钮。

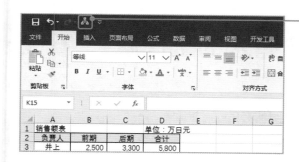

❽ 宏命令执行按钮添加成功。

添加的按钮仅在目标工作簿中显示，打开其他工作簿时不显示。

实用的专业技巧!　更改按钮外观

　　在[Excel选项]对话框中，选择要添加的宏❶，单击[修改]按钮❷，打开[修改按钮]对话框。选择任意图标❸，单击[确定]按钮❹，快速访问工具栏处的按钮图标发生改变。

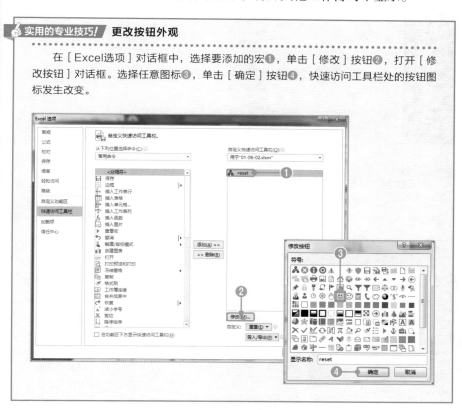

Sample_Data/01-07/

07 保存含有宏的工作簿

扫码看视频

Excel普通工作簿与启用宏的工作簿

编写好的宏位于工作簿内部。含有宏的工作簿不是以Excel普通工作簿（.xlsx）形式保存的，而是以启用宏的工作簿（.xlsm）形式保存。

❶ 选择［文件］→［另存为］选项。

❷ 选择［浏览］选项，打开［另存为］对话框。

❸ 指定保存位置。

❹ 指定文件名，在［保存类型］列表中选择［Excel启用宏的工作簿］选项。

❺ 单击［保存］按钮。

笔记

工作表打开状态下按 **F12** 功能键，可直接打开［另存为］对话框。

Excel普通工作簿扩展名为.xlsx，启用宏的工作簿扩展名为.xlsm。查看文件时，普通工作簿和启用宏的工作簿的图标也不同。

另外，不显示扩展名时，在文件浏览器中的［查看］选项卡中勾选［文件扩展名］复选框即可。

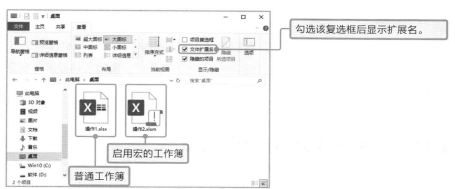

勾选该复选框后显示扩展名。

启用宏的工作簿

普通工作簿

专栏

保存为Excel普通工作簿

将启用宏的工作簿保存为普通工作簿（.xlsx文件）时，会出现下列提示。

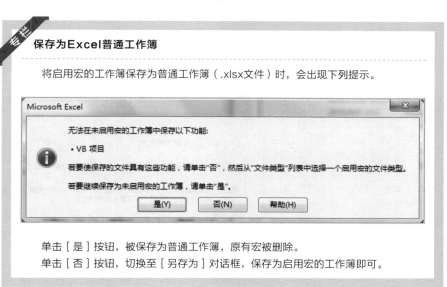

单击［是］按钮，被保存为普通工作簿，原有宏被删除。
单击［否］按钮，切换至［另存为］对话框，保存为启用宏的工作簿即可。

08 打开含有宏的工作簿

启用宏

蓄意破坏计算机文件的宏，我们称之为**"宏病毒"**。为了防止用户的计算机感染这种病毒，Excel默认打开含有宏的工作簿时，**禁用宏并提示 [安全警告] 信息**。

需要用到宏时单击 [**启用内容**] 按钮，启用宏后即可运行。

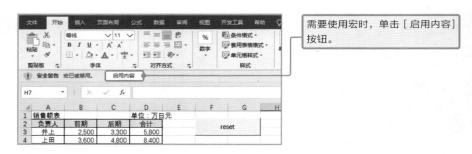

需要使用宏时，单击 [启用内容] 按钮。

实用的专业技巧! [Microsoft Excel安全声明] 对话框

在VBE启动状态下，打开含有宏的工作簿时会弹出 [Microsoft Excel安全声明] 对话框。

单击 [启用宏] 按钮，即可在打开文件的同时启用宏功能。

单击 [启用宏] 按钮。

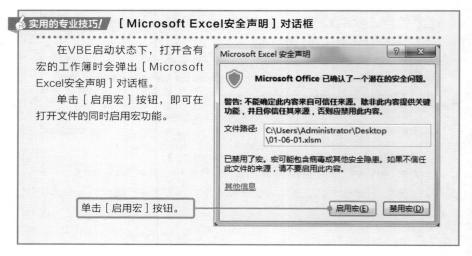

第 **2** 章

用VBA
编写宏

VBE是一款可以直接编辑宏的应用程序。本章将介绍VBE的基础用法，同时为大家介绍VBA的基础知识。

01 VBE编辑器的启动、退出及各部件名称

用VBA实现高级处理

使用前一章中的"录制宏"功能，**可以录制Excel中的操作并最终生成宏命令**。即使不了解VBA（编程语言）知识，也可以编写简单的宏（程序）。

"录制宏"功能虽然好用，但当要执行复杂的操作，进行更高级的处理时，还是需要在VBA中编写宏才能完成。通过VBA不仅可以自动化复杂的操作，还可以制作**个性化输入画面**和**显示画面**，如下图所示。

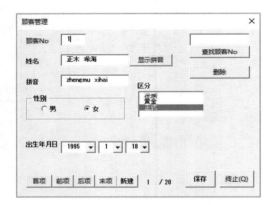

将录制的宏应用于编程

学会VBA后可以实现更多样化的功能，**但让初学者从零开始编写出一个完整的宏是有些难度的。**

这时可以利用"录制宏"功能（**p.6**）记录希望自动化的操作。然后，启动VBE（Visual Basic Editor）编辑器显示记录下来的宏，通过对该宏进行编辑、删除等，完成目标宏的编写。这样通过利用"录制宏"功能，大大降低了编写宏命令的时间和精力成本。

> **● 笔记**
>
> 关于如何在VBE中编辑 "录制宏"录制的内容，请参照**p.14**。

启动·退出VBE

VBE（Visual Basic Editor）是Excel中内置的一款应用程序。按下列操作顺序可启动、退出VBE编辑器。

❶ 单击［开发工具］→［Visual Basic］按钮。

❷ 启动VBE编辑器。

❸ 退出时，单击［ × ］按钮。

在VBE中编辑的内容被自动保存到Excel工作簿，**退出VBE编辑器时不专门保存，编辑的内容也不会消失**。重启VBE后，显示最近一次编辑的内容。保存Excel工作簿，VBE中的编辑内容也被保存。

> **● 笔记**
>
> 需要在保持VBE启动的同时返回Excel界面时，单击［视图Microsoft Excel］按钮（**p.15**）或按(Alt) + (F11)组合键。

VBE各部件名称与功能

VBE编辑器的基本界面如下页图所示。不同操作下的界面稍有变化，用户可以根据需要调整工具栏和窗口的显示/隐藏状态。

● VBE编辑器基本界面

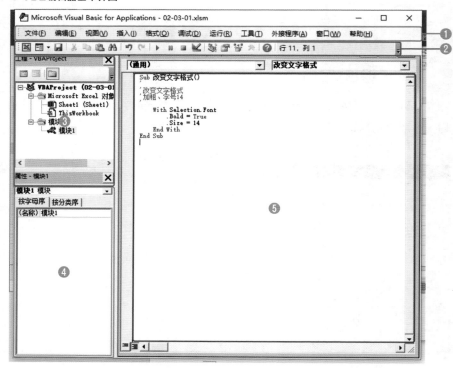

● VBE各部件名称和功能

序号	名称	功能
❶	菜单栏	各功能菜单
❷	工具栏	单击按钮执行各项操作，上图内显示的是［标准］工具栏
❸	工程资源管理器	显示和管理"模块"（记录宏内容）
❹	属性窗口	确认和编辑当前激活程序的设定值
❺	代码窗口	编辑程序代码

<-> **Excel** +　　■初识VBA

Sample_Data/02-02/

扫码看视频

02 VBA基本用语

▌工程/模块

　　Excel VBA是在"模块"中编写宏代码的。工作簿的全部模块统一管理在"工程"中。工程像是一个框架，模块是框架里的抽屉。**一个工作簿对应一个工程。**

　　工程资源管理器中有与所有处于打开状态的工作簿一一对应的工程，工程下有模块目录。

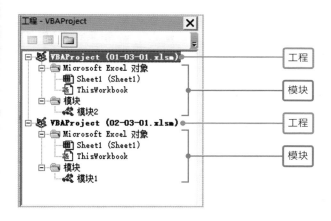

> ◆ 笔记 ◆
>
> 　　工程资源管理器里的工作簿名称格式为"工程名（工作簿名）"，如"VBAProject（02-03-01.xlsm）"。

　　模块是**编写宏的地方**（编写程序）。实际编写时，需要打开模块并显示代码窗口。

　　在工程资源管理器中双击希望打开的模块（例如［模块/模块1］），即可打开该模块和代码窗口。

● 主要模块种类

名称	说明
Microsoft Excel Objects	工作表和工作簿内置编程模块。Sheet1（Sheet1）是工作表Sheet1的内置模块。和"模块名（工作表名）"一样在（）内显示对应的工作表名 另外，ThisWorkbook是工作簿内置模块
模块	一般编程模块，运行［录制宏］后宏被记录在此处

> **笔记**
>
> 还有用户窗体（**p.345**）和类模块等其他种类模块。

过程/说明/语句

用"录制宏"功能录制的宏程序被保存为**"模块"**。双击工程资源管理器中的模块（例如［模块/模块1］）即可打开模块的代码窗口。

打开代码窗口后，自动显示已有程序。参考下图可以看出，从Sub"宏名"开始到End Sub，被括起来的部分是通过"录制宏"功能录制的程序。

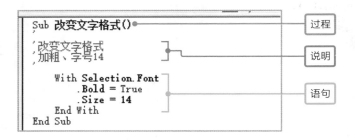

☑过程

过程也是单位，一般是指**"一套指令"**。上图中从Sub"宏名"开始，到End Sub结束的过程部分叫作**"Sub过程（子过程）"**。本书主要讲解如何编写"Sub过程"。

28

☑ **说明**

　　说明是**写给使用者看的说明文字（注释）**，主要记录宏具体的操作内容和使用方法等。**Excel会自动忽略说明部分。**因此，衍生出一种用法，**"将暂时不想被执行的操作说明化"**，这样处理后，需要被执行的操作也不会受任何影响。

　　写说明时，在行首处输入'（单引号）。'右侧文字全部为说明部分，该部分在代码窗口内显示为**绿色**，如下图所示。

格 式 ≫≫ **说明**

'说明文字

可用作说明

说明文字也可位于语句内部

不希望被执行的操作可以暂时设置为说明文字

☑ **语句**

　　语句是指**单个命令**。一般**一行是一个命令（一个语句）**，也有几行组合成一个语句的情况。例如，With和End With的组合称为**"With语句"**（**p.38**）。

扫码看视频

03 用VBA编写宏

宏的编写顺序

编写宏时，一般按下图的顺序进行。此处将详细说明顺序1～3，并建议大家动手练习。

顺序4"调试"将在**p.94**中详细说明。顺序5"设置运行方法"已在**p.16**中说明。

● **宏的编写顺序**

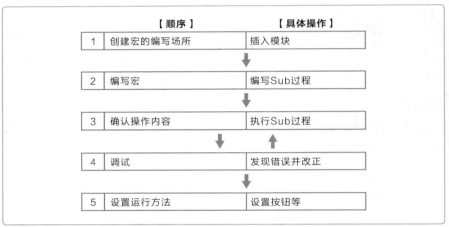

	【顺序】	【具体操作】
1	创建宏的编写场所	插入模块
2	编写宏	编写Sub过程
3	确认操作内容	执行Sub过程
4	调试	发现错误并改正
5	设置运行方法	设置按钮等

【顺序1】创建宏的编写场所

编写宏时，首先**"插入编写宏的模块"**。启动VBE编辑器，按以下顺序操作。

> **笔记**
>
> VBE编辑器启动方法请参考**p.25**。

❶ 选择［插入］→［模块］选项。

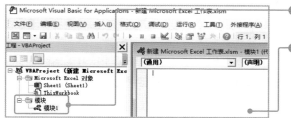

❷ 新插入的模块［模块1］出现在工程资源管理器中。

❸［模块1］的代码窗口呈打开状态。

第2章 用VBA编写宏

> ● 笔记 ●
>
> 删除不需要的模块，在模块名上右击，在快捷菜单中选择［移除（模块名）］命令。弹出提示对话框，单击［否］按钮。

> ● 笔记 ●
>
> 在打开多个工作簿的状态下添加模块时，在工程资源管理器中选择目标工作簿对应的工程，然后执行插入模块操作。

【顺序2】编写宏

在代码窗口中编写宏时，事先整理好**"执行什么操作""操作顺序如何"**，这点很重要，千万不要裸写代码。

下面将以名为"制作表格"的Sub过程为例，为大家介绍编写代码的顺序。

不过，这里仅仅练习宏的写法，不对具体意义和内容作说明。详细内容将在本书第4章解说。

先来看完成后的宏（不需理解具体内容）。

```
Sub 制作表格()
    '为A1:C4单元格范围设置表格边框
    Range("A1:C4").Borders.LineStyle = xlContinuous

    '为第一行设置浅蓝色背景
    Range("A1:C4").Rows(1).Interior.Color = rgbLightBlue

    '第一行文字居中
    Range("A1:C4").Rows(1).HorizontalAlignment = xlCenter
End Sub
```

接下来，在VBE编辑器上编写以上内容，编写顺序如下。手动输入代码时注意"**需在英文半角状态下输入单引号、数字和其他符号**"。

步骤 ①

在代码窗口内输入"sub 制作表格"❶，按 Enter 键。

光标下移至第二行的同时，sub变换为Sub（首字母变为大写），行末自动添加()❷。同时，第3行自动添加End Sub代码❸。从"Sub制作表格"开始到"End Sub"中间的部分是"制作表格"宏的过程。

步骤 ② ————————————————————————————

　　光标移至第二行，按下 [Tab] 键缩进行首❹，接着输入Range("A1:C4").，不要忘记输入点
❺。随后自动显示代码的列表❻。

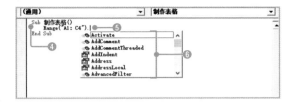

▶ 笔 记 ◀

　　输入错误或中途换行时，该处变为红色，提示错误（**p.39**）。单击［确定］按钮关闭提示框，
继续输入即可。

步骤 ③ ————————————————————————————

　　接着输入b❼。自动显示以b开头的代码选项，按 [↓] 键选择Borders选项❽，输入.（点）。
输入点的同时自动添加Borders，并显示下一代码列表。

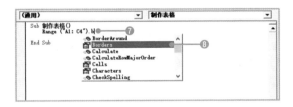

步骤 ④ ————————————————————————————

　　再输入l❾，选择LineStyle选项❿，输入=（等号），自动添加LineStyle。

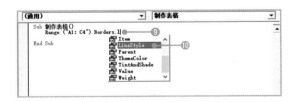

步骤 ⑤

在=后空一位半角空格，并输入xlContinuous⑪，按 **Enter** 键。

步骤 ⑥

按相同方法输入第3行和第4行代码⑫。

活用代码列表，减少错误

　　输入.（点）和（等符号时，代码列表自动打开。个别情况下也会不显示代码列表。

　　打开代码列表选择需要的选项后，可以通过输入点（.）等符号添加该项，也可以按 **Tab** 键添加该项。

　　使用该功能，可以节省输入成本，防止拼写错误。代码窗口，还可通过 **Ctrl** + **Space** 组合键重新打开。

34

【顺序3】确认操作内容

编写完Sub过程后，试运行以确认操作内容是否正确。**运行宏后的结果无法撤回，建议先将运行前的文件内容保存到其他工作表后再执行宏。**

步骤 ①

将光标定位在Sub过程中❶，再单击工具栏中的 [运行子过程] → [用户窗体] 按钮❷。

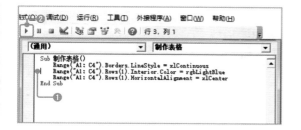

> **笔记**
>
> 按 F5 功能键也可运行宏，与单击 [运行子过程] → [用户窗体] 按钮作用相同。

步骤 ②

可以看到，A1:C4单元格区域内出现表格框线，表格中第1行单元格区域内填充浅蓝色背景且文字居中显示❸。

▲	A	B	C	D
1		1月	2月	❸
2	东京	10	40	
3	名古屋	20	50	
4	大阪	30	60	
5				

04 宏编写的必备技巧

扫码看视频

缩进行首和插入空行

编写代码时适当**缩进行首**、插入**空行**，可以使代码更容易被看懂，以便更好地编辑。

按**Tab**键添加**缩进**，按一次可缩进4个半角字符。

在行首或行末处按**Enter**键，可插入**空行**。

● 插入缩进和空行

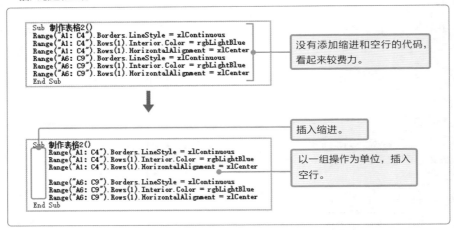

```
Sub 制作表格2()
Range("A1:C4").Borders.LineStyle = xlContinuous
Range("A1:C4").Rows(1).Interior.Color = rgbLightBlue
Range("A1:C4").Rows(1).HorizontalAlignment = xlCenter
Range("A6:C9").Borders.LineStyle = xlContinuous
Range("A6:C9").Rows(1).Interior.Color = rgbLightBlue
Range("A6:C9").Rows(1).HorizontalAlignment = xlCenter
End Sub
```

没有添加缩进和空行的代码，看起来较费力。

```
Sub 制作表格2()
    Range("A1:C4").Borders.LineStyle = xlContinuous
    Range("A1:C4").Rows(1).Interior.Color = rgbLightBlue
    Range("A1:C4").Rows(1).HorizontalAlignment = xlCenter

    Range("A6:C9").Borders.LineStyle = xlContinuous
    Range("A6:C9").Rows(1).Interior.Color = rgbLightBlue
    Range("A6:C9").Rows(1).HorizontalAlignment = xlCenter
End Sub
```

插入缩进。

以一组操作为单位，插入空行。

输入说明文字

输入'（单引号）后，其右侧文字被视为"**说明**"，运行宏时将被自动忽略（**p.39**）。

宏中适当添加说明，在以后的编辑工作中会起到很大作用。可能会有除作者之外的其他人编辑该宏，"说明"可以简要解释代码的含义。

● 输入说明文字

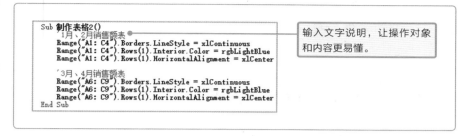

```
Sub 制作表格2()
    '1月、2月销售额表
    Range("A1: C4").Borders.LineStyle = xlContinuous
    Range("A1: C4").Rows(1).Interior.Color = rgbLightBlue
    Range("A1: C4").Rows(1).HorizontalAlignment = xlCenter

    '3月、4月销售额表
    Range("A6: C9").Borders.LineStyle = xlContinuous
    Range("A6: C9").Rows(1).Interior.Color = rgbLightBlue
    Range("A6: C9").Rows(1).HorizontalAlignment = xlCenter
End Sub
```

输入文字说明，让操作对象和内容更易懂。

分行

1行的内容越长越不容易懂。**适当换行，减少单行的长度，可以提高代码的可读性。变短后也更容易修正。**

在行末输入被称为"续行符"的"_"（半角空格+下划线）并按 Enter 键，将1行分为多行。

● 1行过长时可分为多行

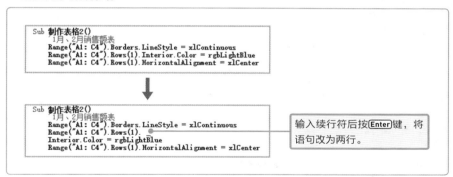

```
Sub 制作表格2()
    '1月、2月销售额表
    Range("A1: C4").Borders.LineStyle = xlContinuous
    Range("A1: C4").Rows(1).Interior.Color = rgbLightBlue
    Range("A1: C4").Rows(1).HorizontalAlignment = xlCenter
```

↓

```
Sub 制作表格2()
    '1月、2月销售额表
    Range("A1: C4").Borders.LineStyle = xlContinuous
    Range("A1: C4").Rows(1). _
    Interior.Color = rgbLightBlue
    Range("A1: C4").Rows(1).HorizontalAlignment = xlCenter
```

输入续行符后按 Enter 键，将语句改为两行。

续行符可以出现在任何地方，建议放在"."（句点）和"="（等号）等符号的前后**适合切分语句的地方**。

第 2 章 用VBA编写宏

将多个语句编写在1行，在前一语句末尾输入"："（冒号），再接着输入其他语句即可。

```
Sub Test()
    Range("A1").Value=100:Range("A2").Value=200
End Sub
```

用：分隔多个语句，集中在1行显示。

With语句

使用With语句，可以**概括相同的操作对象**。

格式 >> With语句

```
With操作对象
    .对操作对象进行的操作
End With
```

注意，不要忘记在有省略部分的语句句首标注"．"（句点）。**通过"．"可知此语句中有省略项。**

● With语句编写示例

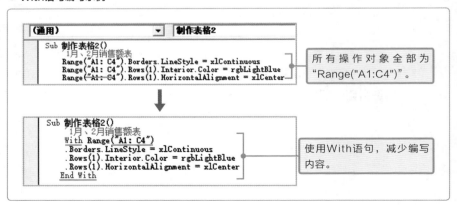

所有操作对象全部为"Range("A1:C4")"。

使用With语句，减少编写内容。

初识VBA

Sample_Data/02-05/

05 宏编写的错误种类及处理

扫码看视频

编译错误及其处理

编写宏时经常出现"**拼写错误**"和"**写法错误**"等错误。

VBE编辑器自带"**自动语法检测**"功能，有上述错误时会自动提示。因语法发生的错误被称为"**编译错误**"。

出现编译错误后，Excel自动提示，同时错误部分变为红色。不仅是编写时，有时**在运行宏前的语法检查阶段**也会出现编写错误。

①出现语法错误（左图为数据不完整）时，错误部分变为红色。

②自动提示错误，单击［确定］按钮。

③修正后编译错误消失。

● 笔 记 ●

运行宏时发生编译错误，错误部分被自动选定。这时的处理方法与运行错误的处理方法基本相同（**p.40**）。

关闭编写时的自动错误提示

自动语法检测功能自动提示错误，非常实用。但如果提示过于频繁，反而会出现反效果，让人感觉麻烦。不想让错误提示频繁打搅时，可以关闭自动语法检测功能（使之无效）。

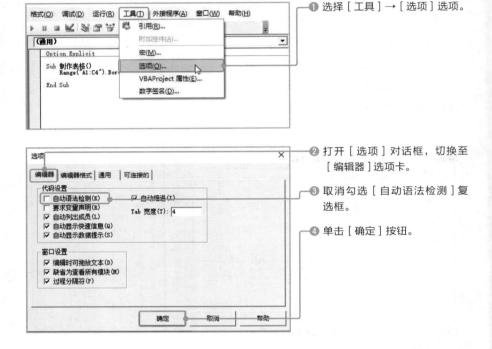

❶ 选择［工具］→［选项］选项。

❷ 打开［选项］对话框，切换至［编辑器］选项卡。

❸ 取消勾选［自动语法检测］复选框。

❹ 单击［确定］按钮。

关闭该功能后，**出现编译错误时错误的代码依旧会自动变为红色**，很容易分辨。

运行错误及其处理

宏错误中除了有"拼写错误"和"写法错误"之类的编译错误（语法错误）外，还有"**指定的工作表不存在**"等类型的错误。**这种语法正确，但因为其他各种原因无法继续执行操作命令的错误**被称为"运行错误"。运行中发生错误时，**操作中断，显示错误提示信息。**

本部分为大家介绍运行中发生错误时该如何处理。在下图示例中，因"销售额表"不存在，运行中发生错误并提示错误信息。

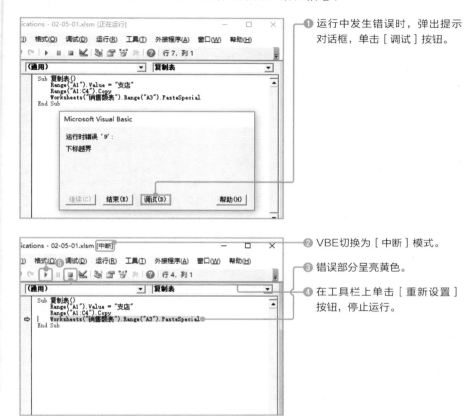

❶ 运行中发生错误时，弹出提示对话框，单击 [调试] 按钮。

❷ VBE切换为 [中断] 模式。

❸ 错误部分呈亮黄色。

❹ 在工具栏上单击 [重新设置] 按钮，停止运行。

亮黄色语句部分是无法正常运行的错误部分，查找出错误并修正。

若直接在中断模式下修正错误（这里指准备好"销售额表"），修正好后单击 [**继续] 按钮**❺（或按 F5 功能键）可继续运行命令。

有时会出现既无编译错误，也无运行错误，但宏运行结束后却没有执行设定操作的情况。

例如，在"指定对象工作表错误""指定排序对象错误"等情况下，宏虽然正常运行，但却不进行指定的操作。这种因为编写内容错误导致无法进行目标操作的情况称为**"逻辑错误"**。

出现逻辑错误时，不自动提示错误，需要逐行运行代码查找错误部分。逻辑错误的处理办法将在第3章"确认操作与基础调试"（**p.94**）中详细说明。

强行终止运行

运行中的宏因各种原因无法自行终止，当停在某一行代码时，通过以下方法可以强行终止。

☑ 按 ESC 键强行终止

按 ESC 键可以强制终止运行中的宏。按 ESC 键后，显示中断提示信息，单击 [**中断**] **按钮**，终止运行。当宏运行了很长时间且无法停止时可以使用该方法强行终止。

☑ 在任务管理器中强行终止

按 ESC 键无效时，通过按 Ctrl + Alt + Delete 组合键打开任务管理器，选择"无响应"的 Excel❶，单击 [**结束任务**] **按钮**❷，强制终止 Excel。

该方法仍旧无效时，考虑重启操作系统等方法。

第 **3** 章

VBA
基础知识

本章中逐一讲解Microsoft
Office编程语言VBA（Visual
Basic for Applications）的基础
知识。讲解细致到位，不擅长编程
的读者也请放心阅读。

01 对象和集合

对象

在VBA中，将**操作对象**直接称为"**对象**"，基本命令语句格式为"○○**对象**"。例如"**设置A1的值为100**"命令中，A1单元格是对象（操作对象）。经常使用的对象有表示工作簿的"**Workbook对象**"，表示工作表的"**Worksheet对象**"和表示单元格的"**Range对象**"。

另外，VBA中的"**Font对象**"（字体设置）和"**Sort对象**"（数据排序）等"**功能**"也可以作为对象使用，我们将在后面介绍相关具体操作。

● **Excel中主要的对象**

操作对象	对象名称
工作簿	Workbook对象
工作表	Worksheet对象
单元格	Range对象
字体	Font对象
对象内部	Interior对象
排序	Sort对象
筛选	Filter对象

> **提示**
>
> 有时命令语句中不指定对象（使用函数等情况），详细内容将在以后介绍。

集合

VBA将同类对象的集合称为"集合"，通过**集合可以指定和管理对象**。例如，当前所有打开的工作簿为"**Workbooks集合**"，工作簿中所有的工作表为"**Worksheets集合**"。

单元格较特殊，没有"Ranges集合"的用法，**表示由多个单元格组成的单元格区域时依旧采用"Range对象"的语句格式**。

● 对象与集合关系

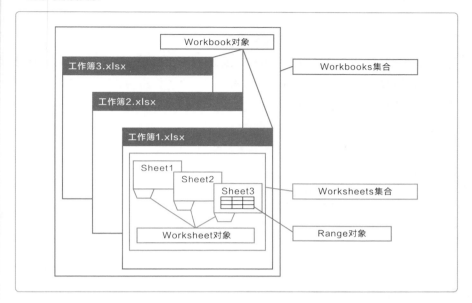

笔 记

集合包含的各对象被称为"成员"。

指定对象

在VBA中指定工作簿和工作表等对象时，使用对象所属集合的名称和(),如下所示。

格 式 >> **指定对象**

集合名（对象名）

例如，指定工作簿"工作簿1.xlsx"和工作表"Sheet1"时，按下列方法操作。

样 本 **指定对象**

```
Workbooks("工作簿.xlsx")        '指定工作簿名
Worksheets("Sheet1")          '指定工作表名
```

☑**通过索引号指定对象**

除前一页中介绍的指定方法外，还可以利用"**索引号**"指定工作簿和工作表。索引号是指**为集合中各元素自动分配的号码**。

例如，**从第一个打开的工作簿开始按顺序自动分配**1、2、3……工作表则**从左侧开始按顺序分配**1、2、3……例如，第一个工作簿为"Workbooks(1)"，左端工作表为"Worksheets(1)"。

● **索引号**

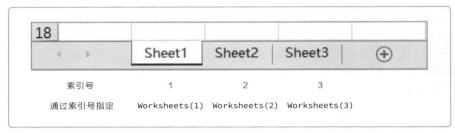

样本　**通过索引号指定对象**

```
Workbooks(1)      '多个工作簿中第一个打开的工作簿
Worksheets(1)     '最左端工作表
```

对象的层级结构

在对象中，表示Excel本身的**Application对象**位于最上一层，如下图所示。

● **主要对象的层级结构**

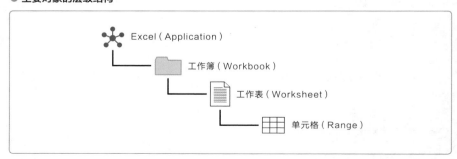

在VBA中指定对象时，需遵循以下编写规则。

- 对象与对象之间使用"."（句点）分隔。
- 省略最上层的Application对象语句。
- 当前工作簿（目标工作簿）是操作对象时，可省略工作簿名。
- 当前工作表（位于屏幕最上层的工作表）是操作对象时，可省略工作表名。

例如，获取当前工作簿内Sheet1工作表中单元格A1的值时，可按以下操作进行。

样 本 **获取Sheet1工作表中单元格A1的值**

```
Worksheets("Sheet1").Range("A1").Value
```

注意，目标对象在当前工作簿内，所以"Workbooks（工作簿名）"指定语句被省略。上例语句从指定工作表名开始。

通过指定工作表名，用"."分隔，再指定单元格对象，最后输入Value，获得单元格A1的值。

如上所述，在VBA中通过指定层级结构来**指定目标对象和目标值的位置，这一点非常重要**。

笔 记

Value是"属性"，用来获取单元格的值。关于属性将在下一页详细说明。

笔 记

以某一对象为参照标准，在层级结构中位于其上的称为"父对象"，位于其下的称为"子对象"。

02 属性

对象的属性

属性是指"**对象的特征**",特征是指**对象特有的信息**。例如,Range对象中,有表示名称的**Name属性**,表示值的**Value属性**和表示单元格地址的**Address属性**等。不同对象中有不同的属性。

提取对象属性值的操作称作"**获取**",改变属性值的操作称作"**设置**"。

编写代码时,在对象名右侧输入"."(句点),再输入属性名,即可指定对象的属性。

格式 >> **获取属性值**

```
对象名.属性名
```

样 本 **获取A1单元格的值**   03-02-01.xlsm

```
Range("A1").Value
```

※上例中只是获取属性值的部分,不是完整语句。

假设提取右图所示工作表中A1单元格的各属性值列表,如下表所示。

● **Range对象的属性示例**

内容	属性名	上图中的值	可否获取·设置
单元格值	Value	10	获取·设置
单元格地址	Address	A1	仅可获取
行号	Row	1	仅可获取
列号	Column	1	仅可获取

为属性赋值时,编写如下代码。

格式 ▶▶ 为属性赋值

对象名.属性名 = 设定值

样本 设置A1单元格的值为100 `03-02-02.xlsm`

```
Range("A1").Value = 100
```

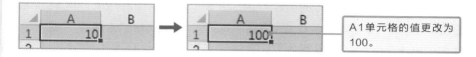

A1单元格的值更改为100。

　　注意，并不是所有的属性都可以被赋值，**有的可以，有的不可以**（参照前页表格）。

获取对象

　　属性不仅可以用于获取对象的特征（信息），有些属性**还可以用于获取对象本身**，即可以**用属性表示对象**，这一点很重要，请大家一定记住。

　　例如，Interior属性可以用于获取Interior对象，该对象表示单元格内部。用它"设置A1单元格背景色为红色"时，代码如下。

样本 设置A1单元格背景色为"红色" `03-02-03.xlsm`

```
Range("A1").Interior.Color = RGB(255,0,0)
```

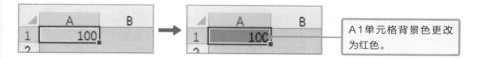

A1单元格背景色更改为红色。

> **笔记**
>
> 　　Color属性表示Interior对象的颜色。单元格背景色变为Color属性设置的颜色。上例中的RGB(255,0,0)是指红色。关于RGB(255,0,0)的内容将在**p.134**中详细说明。

基本语法

方法

扫码看视频

对对象进行操作

方法是指**对对象进行的操作**。例如，Range对象中有用来删除对象的**Delete方法**、复制对象的**Copy方法**和选择对象的**Select方法**等。"**对对象执行的操作就是方法**"，这样就更容易理解了。

指定方法时，在对象名后输入"."（句点），再指定方法名。

格式 >> 指定方法

```
对象名.方法名
```

样本 选择A1:C3单元格区域   03-03-01.xlsm

```
Range("A1:C3").Select
```

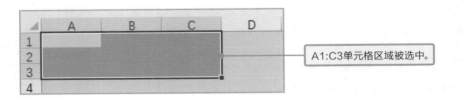

A1:C3单元格区域被选中。

有返回值的方法

方法中有部分方法可以返回"**返回值**"。返回值是指"**返回相应的操作结果**"。

例如，Worksheets集合中的**Add方法**（添加工作表的方法），其返回值是"**添加的Worksheet对象**"。例如，在添加工作表的同时，还可以编写指定工作表名称的代码，如下所示。

样 本 添加一个工作表，并指定其名称为"月报"

03-03-02.xlsm

```
Worksheets.Add.Name = "月报"
```

添加一个工作表，并设置其名
称为"月报"。

第 3 章 VBA基础知识

专栏 利用对象浏览器查找对象和方法

　　利用VBE中的"对象浏览器"，可以查看所有VBA中可以使用的对象、属性和方法等。通过它还可以查找对象中的自有属性、方法以及格式。单击 [视图] → [对象浏览器] 按钮，或按 F2 功能键，打开对象浏览器。

● 对象浏览器的界面说明

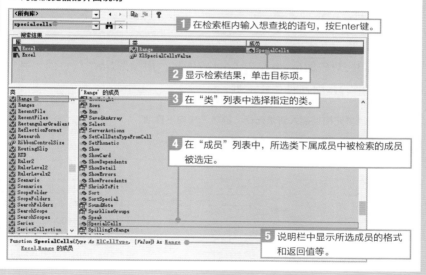

04 参数

参数

　　部分方法和属性可以指定"**参数**",参数能**更详细地指定方法中的具体操作和属性中的内容**。例如,Range对象的**Insert方法**(插入单元格方法),可以通过指定参数Shift来规定"**插入单元格后原单元格的移动方向**"。

　　执行方法和设置属性时,参数前需空一个半角空格来指定。**同时需要指定多个参数**时,从第1个参数开始在每个参数后输入","(逗号)。

格式 >> **指定参数**

```
对象.方法 参数1,参数2
```

　　执行Range对象的Insert方法(**p.147**)时,用参数*Shift*指定插入新单元格后原单元格的移动方向,具体如下。

样本 **在A1单元格处插入新单元格,原单元格向下移动**　　　03-04-01.xlsm

```
Range("A1").Insert xlShiftDown
```

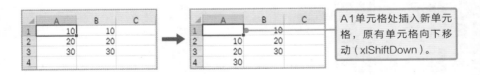

A1单元格处插入新单元格,原有单元格向下移动(xlShiftDown)。

笔记
　　插入单元格后原有单元格向右移动时,指定参数为"xlShiftToRight"。

实用的专业技巧！ **命名参数**

指定参数的同时还可以为参数命名，这种被命名的参数也叫"命名参数"。为参数命名，方便识别参数，在引用多个参数时非常实用。

以"参数名:="方式为参数命名，如下所示。

格 式 >> **指定参数名**

```
对象.方法参数名:=参数1,参数名:=参数2
```

下例中，将Insert方法的参数命名为Shift。

样 本 **为参数命名**　　　　　　　　　　　　　　　　03-04-02.xlsm

```
Range("A1").Insert Shift:=xlShiftDown
```

上述代码的运行结果与前一页相同。通过为参数命名，可以更容易地在多个Insert方法参数中找出指定的是哪一个参数。

省略参数

如上所述，有些方法和属性可以指定多个参数。但每次指定所有的参数工作量巨大，为了方便快捷，VBA中可以省略指定的参数。

下面以Worksheets集合的**Add方法**为例，说明省略参数的方法。Add方法格式如下。

格 式 >> **Add方法**

```
Worksheets集合.Add [Before], [After], [Count], [Type]
```

用[]括起的参数可以省略，各参数功能如下。

● **Add方法中的参数**

参数名	说明
Before	在指定对象的工作表前添加新工作表
After	在指定对象的工作表后添加新工作表。另外，同时省略参数Before和After时，新工作表将被添加在当前工作表前
Count	指定添加的工作表的数量。省略时默认为1
Type	指定添加的工作表的种类（详情参看p.55）

指定参数时需注意以下几点。

- 参数是普通参数时（不是命名参数时），省略第1个参数Before时 "," 不可省。
- 省略第4个参数时，同时删除第3个参数后的 ","（逗号）。

样本　省略第1个和第4个参数　　　　　　　　　　　　　03-04-03.xlsm

```
Worksheets.Add,Worksheets(2), 2
```
省略了第1个和第4个参数。

使用命名参数指定时，省略参数的同时也可以省略逗号。还可以自由改变参数的顺序（因为参数的内容足够明了）。

样本　在第2个工作表后添加两个新工作表（命名参数）　　03-04-04.xlsm

```
Worksheets.Add After:=Worksheets(2), Count:=2
```

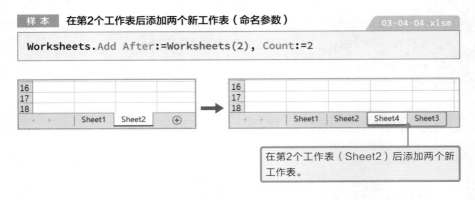

在第2个工作表（Sheet2）后添加两个新工作表。

笔记
　关于Worksheets集合的Add方法的详细内容，请参照p.195。

带()的参数

当方法有返回值，且该返回值被当作对象直接用在语句中时，参数需用()（括号）括起来。

下面以Range对象的**SpecialCells方法**为例，介绍()的用法。

SpecialCells方法用于"**返回满足参数指定条件的Range对象**"。用Type参数指定条件，且该参数不可省略，格式如下。

格 式 ≫ **SpecialCells方法**

```
Range对象.SpecialCells (Type, [value])
```

● **Type参数中可以指定的主要值**

值	说明
xlCellTypeBlanks	空白单元格
xlCellTypeConstants	含参数的单元格
xlCellTypeFormulas	含算式的单元格

下例中为大家介绍了在A1:C3单元格区域中选取空白单元格并输入0的代码。

样 本 **设置空白单元格的值为0**　　　　03-04-05.xlsm

```
Range("A1:C3").SpecialCells(xlCellTypeBlanks).Value=0
```

	A	B	C	D
1	100		100	
2		100	100	
3	100	100		
4				

➡

	A	B	C	D
1	100	0	100	
2	0	100	100	
3	100	100	0	
4				

空白单元格的值被设为0。

> **笔 记**
> 关于SpecialCells方法的详细内容，将在**p.116**说明。

为属性指定参数

以上主要介绍方法中参数的用法，在VBA中，还有部分属性特有参数。**为属性指定参数时，参数必须用()括起**。下面以Range对象的**End属性**为例，来说明属性中参数的用法。

End属性"**返回一个Range对象，该对象是数据区域中指定方向上的边缘单元格**"，用参数Direction指定方向。

格式 》 **End方法**

Range对象.End (*Direction*)

样本　**选择位于A1单元格右侧的最右端单元格**　　　　　03-04-06.xlsm

```
Range("A1").End(xlToRight).Select
```

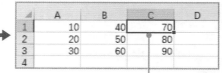

含A1单元格在内的数据区域
中的最右端单元格被选择。

笔记

　　VBE（Visual Basic Editor）是编写VBA程序的Excel自带工具。它让复杂的VBA程序编写变得简单，具体用法在**p.24**中有详细说明。

专栏

通过快速信息栏查看方法和属性

在代码窗口中输入方法或属性后，接着输入"("或空格的同时出现黄色信息栏，其中包含可用的参数及其格式。该栏也叫**快速信息栏**。

快速信息栏中，当前设置的参数显示为加粗字体。如果编写程序时信息栏消失，按 Ctrl + I 组合键可重新打开。

❶ 输入方法名后再输入空格，自动出现快速信息栏，可以查看参数的种类和顺序。

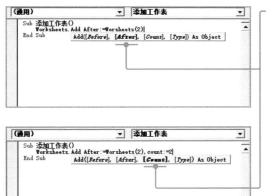

❷ 继续输入参数，信息栏中当前设置的参数的字体加粗。

有时信息栏尾部会出现As Object字样，这代表返回值的数据类型。从上例中可以看到，输入Worksheets集合的Add方法后返回Object类型的返回值（关于数据类型请参照**p.59**）。

由此，如果看到信息栏最后出现"As数据类型"，就要想到"有返回值"。

扫码看视频

05 变量与常量

变量

变量是指**程序运行时，保存临时数据的地方**。变量中可以放入各种类型的数据，如文本、数值、日期、工作表或单元格等。变量**可以和实际数据一样使用**。

变量的值**在程序运行中可以自由更改**，能够根据实际需求实现灵活处理。

变量声明与数据类型

代码中使用变量时，用**Dim语句**来声明"**变量**"和"**数据类型**"。同时声明多个变量时，用,隔开。

格式 》 **声明变量**

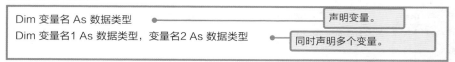

Dim 变量名 As 数据类型 ———————————————— 声明变量。
Dim 变量名1 As 数据类型，变量名2 As 数据类型 ——— 同时声明多个变量。

变量名有以下命名规则，请遵循规则指定名称。

- 可以使用汉字、英文字母、数字和_（下划线）。
- 首字符不可以是数字。

下页表中是可以指定的主要数据类型。指定数据类型后，为变量赋值时将**自动检查数据类型**，能够减少错误，提高运行速度。

● **主要数据类型**

数据类型	种类	数据值范围
String	文本型	0~2GB字符
Integer	整型	−32,768~32,767
Single	单精度浮点型	（负值）−3.402823E38~−1.401298E−45 （正值）1.401298E−45~3.402823E38
Date	日期型	公元100年1月1日~公元9999年12月31日
Object	对象型	对象引用
Variant	变体型	所有值。默认数据类型。**不指定数据类型时，默认为Variant型**
Boolean	布尔型	真（True）或假（False）

样 本　**声明Integer型变量Hensu**　03-05-01.xlsm

```
Dim Hensu As Integer
```

样 本　**声明Integer型变量Hensu和String型变量Moji**　03-05-02.xlsm

```
Dim Hensu As Integer, Moji As String
```

　　如上所述，VBA中有多种数据类型，下面简单总结各数据类型的特点，大家可以先按照这个学习，慢慢熟悉。后面进入编写更高级代码的阶段后，建议大家深入学习数据类型的相关知识。

- 文本：String型。
- 整数：Integer型。
- 小数：Single型。
- 日期：Date型。
- 保存对象引用（p.61）：Object型。
- 保存对象不明确：Variant型。

　　Boolean型用于"条件分支"和"循环"，将在p.79中详细说明其使用方法。

第 3 章　VBA基础知识

不声明数据类型直接使用变量

　　VBA中可以不声明变量和数据类型，直接使用变量。不声明变量或数据类型时，默认变量为Variant型，Variant型基本上可以保存为所有类型的值。

　　乍看上去很方便，"可以保存所有类型的值"。但反过来想，也就意味着**无法检查保存的值是否正确**。例如，想指定数据类型为Integer型的变量内保存文本时自动提示错误，当时就能够意识到代码出错。而Variant型变量无差别保存所有的数据类型，无法自动提示错误。

　　所以，虽然有些麻烦，建议编写代码时尽量声明变量和数据类型。我们习惯了声明变量后，在编写高级别的VBA程序时会受益匪浅。

变量赋值

　　变量赋值也叫"**代入**"或"**保存**"，代入时使用=（等号）。如"左边=右边"，意味着"将右边的值代入左边"。

格式 >> **变量赋值**

变量名 = 值

样本　**为变量Hensu赋值**　　　　　　　　　　　　　　03-05-03.xlsm

```
Hensu = 100            '将100代入Hensu
Hensu = Hensu + 100    '将Hensu+100的结果代入Hensu
```

● **变量示意图**

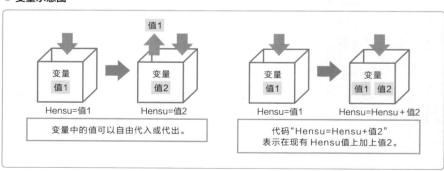

60

声明对象型变量

对象型变量并不代入指定的对象本身，而是代入"**对象引用**"。对象引用，是指**对象信息的保存位置**。这种对象型变量被叫作"**对象变量**"。

声明对象变量时，有以下几种方法。

- 通过指定具体的对象类型（Range等）来声明。
- 不指定对象的类型，通过输入Object来声明。

声明对象变量为Object后，该变量中可以代入所有的对象引用，但是操作速度会变慢。

格 式 >> **声明对象变量**

| Dim 变量 As Range | 通过指定对象来声明（以 Range对象为例）。 |
| Dim 变量 As Object | 不指定对象，直接声明。 |

将对象引用代入对象变量

将对象引用代入对象变量时，使用以下**Set语句**。

格 式 >> **将对象引用代入对象变量**

Set变量名 = 对象名

下面为大家介绍一套代码（过程），内容为：声明可以保存Range对象的rng变量，代入A1:D4单元格区域，并为单元格区域设置边框线。

变量中代入对象时，程序中变量的使命完成后为变量赋值Nothing，解除对象引用。

```
Sub 对象变量()
    Dim rng As Range                    '声明变量rng为Range型
    Set rng = Range("A1:D4")            '代入对A1:D4单元格区域的引用
    rng.Borders.LineStyle = xlContinuous '设置边框线
    Set rng = Nothing                   '解除对单元格的引用
End Sub
```

▲	A	B	C	D	E
1		1月	2月	3月	
2	东京	10	40	70	
3	名古屋	20	50	80	
4	大阪	30	60	90	
5					
6					

▲	A	B	C	D	E
1		1月	2月	3月	
2	东京	10	40	70	
3	名古屋	20	50	80	
4	大阪	30	60	90	
5					
6					

专栏

对象变量中代入Nothing的意义

上述代码中，对象变量的使命结束后代入Nothing，解除对象引用。实际上，对象变量对对象的引用，在命令结束的同时会自行解除，所以这一步为非必须操作项。但是，如果对象引用在某个条件下被持续保留，会造成电脑内存压力增大、处理速度减慢，因此，建议每次编写时编写此项。

变量的适用范围和生命周期

变量有"**适用范围**"和"**生命周期**"两项要求，分别表示变量的使用范围和被代入到变量中的值的有效期限。

变量有以下两类。

☑过程级变量

在过程中使用Dim语句声明的变量称为"**过程级变量**"。

过程级变量，仅在过程中起作用，过程开始运行时创建变量，结束运行时变量被释放。

☑模块级变量

在过程之外（模块代码的开头）声明的变量称为"**模块级变量**"。

模块级变量，在模块中起作用。在没有明确表示重置的情况下，直到工作簿关闭期间一直有效。

样 本　**模块级变量和过程级变量**　　　　　　　　　　　　03-05-05.xlsm

```
Dim mHensu As Integer          '声明模块级变量

Sub 变量测试()
    Dim pHensu As Integer      '声明过程级变量
    （中略）
End Sub
```

常量

常量是指**一旦代入便无法更改的值**，常用于消费税率等较少发生变化的值，以及编写起来较长且比较复杂的数值和文本等。

在代码内直接写入实际数值，这样出现编译错误的可能性较高。而且，如果在代码内写入多个消费税率数值，修改时涉及的地方多，操作比较麻烦。

使用常量可以预防写入错误。修改时只需要修改声明常量的部分，就可以更改所有使用该常量的代码。

按下述方法，在开头写入Const，声明常量的同时为其赋值。

格 式　≫　**声明常量并赋值**

```
Const 常量名 As 数据类型 = 值
```

样 本　**声明常量STAX为Single型，并赋值为0.1**　　　　03-05-06.xlsm

```
Const STAX As Single = 0.1
```

※Single型是单精度浮点型数据，详情请参照**p.75**。

・笔 记・

　　VBA中常量有两种，分别为"**内置常量**"和用户可自定义设置的"**自定义常量**"。上述设置的STAX常量是自定义常量。内置常量常用于属性、方法、函数等的参数和设定值等，例如，xlUp、xlCenter等。

之前介绍"VBA中并非必须声明变量"（**p.60**），但如果代码窗口的首行写入"Option Explicit"代码，则**必须声明变量**。按以下方式操作，可在所有新建模块中自动插入"Option Explicit"代码。

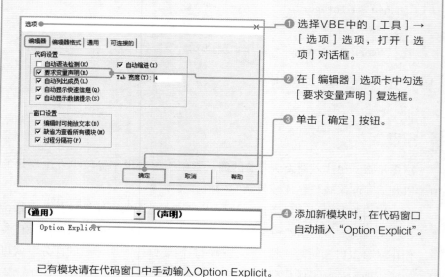

❶ 选择VBE中的 [工具] → [选项] 选项，打开 [选项] 对话框。

❷ 在 [编辑器] 选项卡中勾选 [要求变量声明] 复选框。

❸ 单击 [确定] 按钮。

❹ 添加新模块时，在代码窗口自动插入"Option Explicit"。

已有模块请在代码窗口中手动输入Option Explicit。

06 数组

数组

数组是**一种拥有多个区域的变量**，可以为各区域分别填入一个数据。填入数组内的数据叫作"元素"。数组有时也叫"**数组变量**"。

通过数组**可以用1个变量控制多个数据，方便用来执行重复操作**。

例如，需要输入从周一到周五每天的销售额，比起按天设置5个变量分别输入数值，以循环的方式将每天的销售额填入到1个数组中更方便。

事先为数组中的各元素设置索引号，从0开始，用于**区别各元素**。

● **数组示意图**

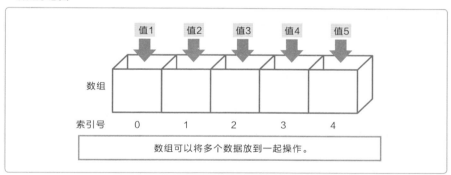

数组可以将多个数据放到一起操作。

声明数组

声明数组与声明变量的方法相同，使用Dim语句。首先指定数组名，接下来写入()。在()中规定"**索引号的上标值**"（元素个数−1）。

第 3 章　VBA基础知识

Dim 数组名(上标值) As 数据类型 ●————— 仅规定上标值。

Dim 数组名(下标值 to上标值) As 数据类型 ●————— 规定下标值和上标值。

样 本 **声明数组myAry为Integer型，数组内有3个元素**   `03-06-01.xlsm`

```
Dim myAry(2) As Integer          '索引号为0～2
Dim myAry(1 to 3) As Integer     '下标值为1，上标值为3
```

※Integer型为整型，详情请参照**p.69**。

为数组赋值

为数组赋值时，需要使用索引号指定代入位置。

格 式 ≫ **为数组赋值**

数组名(索引号) = 值

样 本 **为数组myAry赋值，数组中有3个元素**   `03-06-02.xlsm`

```
Dim myAry(2) As String
myAry(0) = "山"
myAry(1) = "海"          为数组中的1、2、3号元素
myAry(2) = "空"          分别赋值。
```

07 算式与运算符

扫码看视频

▌ 算术运算符：计算数值

　　需要在代码中进行四则运算时，可以使用下表中的**算术运算符**（后称**运算符**）。

　　运算符有**优先顺序**，一个算式有多个运算符时，先进行高级别运算符的运算，再进行低级别运算符运算。如果需要先进行低级别运算符的运算，可以在运算式中添加()。优先顺序相同时，默认**从左向右依次开始计算**。

　　运算符需在**半角状态**下输入。

● 算术运算符

运算符	描述	示例	结果	优先顺序
^	指数运算符	10 ^ 3	1000	1
*	乘法运算符	10 * 2	20	2
/	除法运算符	10 / 2	5	
¥	整除运算符	10 ¥ 3	3	3
Mod	取模运算符 整数除法后的余数	10 Mod 3	1	4
+	加法运算符	10 + 2	12	5
−	减法运算符	10 − 2	8	

　　以下示例中是根据梯形面积公式〔**（上底+下底）×高÷2**〕〕编写的代码。计算结果显示在E6单元格中。

样 本　求梯形面积并将结果显示在E6单元格　　　　　03-07-01.xlsm

```
Sub 计算()
    Range("E6").Value = (5 + 8) * 10 / 2
End Sub
```

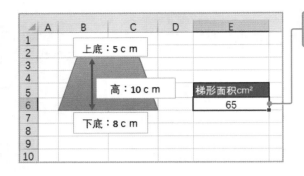

在E6单元格中显示用算术运算符计算的梯形面积。

连接运算符：连接字符串

连接两个字符串时，使用**连接运算符**&和+。+还代表加法的算术运算符，所以使用&更容易被理解。

样 本　连接A2单元格的值、-和1234，结果放入C2单元格　　　　`03-07-02.xlsm`

```
Sub 连接()
    Range("C2").Value = Range("A2").Value & "-" & 1234
End Sub
```

	A	B	C	D
1	分类		商品编号	
2	MP		MP-1234	
3				
4				
5				

A2单元格的值MP与-和1234连成一体，结果显示在C2单元格中。

笔记

除了算术运算符和连接运算符外，还有用于条件表达的"**比较运算符**"和"**逻辑运算符**"等。这些内容将在以后进行说明。

代码内数值、字符和日期·时间的输入要求

要在代码内将数值、字符和日期·时间当作"值"使用时，要按以下要求输入。

● 代码内数值、字符和日期·时间的输入

种类	输入要求
数值	直接输入
字符串	输入时用""（双引号）括起
日期·时间	输入时用"#"（井号）括起

代码中使用"#"括起的部分可以作为日期型数据使用，叫"日期类型"（关于数据类型，请参照p.59）。

样本　代码内值的写法　　　　　　　　　　　03-07-03.xlsm

```
Sub 值的写法()
    Range("B1").Value = 100              '数值
    Range("B2").Value = "ABC"            '字符
    Range("B3").Value = #11/5/2018#      '日期
    Range("B4").Value = #2:30:00 PM#     '时间
End Sub
```

如上所示，日期与时间遵循以下格式。

• 日期：#月/日/（公元）年#。
• 时间：#时:分:秒　AM/PM#。

在代码中输入"#2018/11/5#"或"#14:30#"格式后自动转换为"#11/5/2018#"或"#2:30:00 PM#"的正确格式。

08 VBA函数

使用VBA函数处理日期或字符串等数据

　　VBA内置许多"**函数**"，每个函数都有不同的目的和用途。函数用来**执行特定操作并返回结果**（也有部分函数不返回结果）。例如，执行VBA函数中的Date函数，可获得"当前日期"；执行Len函数，可返回"指定字符串的长度"。

　　VBA中函数众多，不可能学习并记住全部内容。但如果能够熟练运用所学的函数，即使编写高级程序也不在话下。建议大家循序渐进地学习函数的种类和用法。

　　这里为大家简单介绍初学阶段需要掌握的主要函数。各函数的具体用法将在本书后半部分详细说明。

● **VBA主要函数**

	函数名	处理内容
日期·时间	Date/Time/Now	分别返回当前系统日期、当前系统时间和当前系统日期与时间
	Year（日期）	返回指定日期的年
	Month（日期）	返回指定日期的月
	Day（日期）	返回指定日期的日
文本	Len（字符串）	返回指定字符串的字符数
	Left（字符串，字符数） Right（字符串，字符数）	从指定字符串内部的左边或右边取出的指定数量的字符
其他	CDate（数据）	将数据转换为日期型
	IsNumeric（数据）	检查数据是否用作数字
	InputBox（信息、标题）	打开可输入文本的对话框
	MsgBox（信息、按钮、标题）	在对话框中显示指定字符串

- 笔记 -

　　VBA函数和Excel中的**工作表函数**（SUM函数和AVERAGE函数等）是不同的两类函数。大家要注意，有些函数名称相同但功能不同。

前页表格中的**MsgBox函数**可以用来查看其他函数的执行结果，下面先为大家介绍该函数的简便用法。MsgBox函数用来**在专用对话框内显示参数指定的信息**。

格 式 >> **MsgBox函数**

MsgBox信息，[按钮]，[标题]

样 本　**获取A1单元格的行号并显示在对话框内**　03-08-01.xlsm

```
Sub 行号()
    MsgBox Range("A1").Row
End Sub
```

样 本　**用Left函数提取字符并用MsgBox函数显示**　03-08-02.xlsm

```
Sub 抽取文字()
    MsgBox "商品分类" & Left(Range("A2").Value, 2)
End Sub
```

从A2单元格字符串的左侧抽取两个字符（MS），与字符串"商品分类"合并，再通过MsgBox函数显示。

09

基本语法

在VBA中调用工作表函数

用作WorksheetFunction对象的方法

在VBA代码中调用工作表函数（SUM函数和AVERAGE函数等）时，**需要将工作表函数当作WorksheetFunction对象的方法才可以使用**。需要指定单元格区域时，用Range对象指定。

格 式 ≫ 在VBA中调用工作表函数

> WorksheetFunction对象.工作表函数（参数）

样 本 **用Average函数求指定区域内数值的平均分**

03-09-01.xlsm

```
Sub 工作表函数1 ()
    MsgBox "平均分" & WorksheetFunction.Average(Range("B2:B4"))
End Sub
```

	A	B
1	科目	分数
2	语文	63
3	数学	78
4	英语	90
5		
6		
7		

Microsoft Excel ✕

平均分77

确定

用Average方法计算B2:B4单元格区域的平均分，结果显示在对话框内。

实用的专业技巧！ **如何查找可用于VBA的工作表函数**

在VBE代码窗口中输入"WorksheetFunction."，出现代码列表，快速找到可用于VBA的工作表函数。代码列表中显示的工作表函数，都可用作WorksheetFunction对象的方法。

用[ ]或Evaluate方法调用工作表函数

工作表函数还可以用[ ]或Application对象的**Evaluate方法**调用。

用[ ]调用时，直接在[ ]内输入工作表函数。Evaluate方法中的参数通过字符串形式指定，所以整体函数需要用"括起。

格 式 >> 用[ ]或Evaluate方法调用工作表函数

> [工作表函数名]
>
> Application对象.Evaluate（"工作表函数名"）

在Evaluate函数中，如果工作表函数的参数还指定有字符串，该字符串用""括起来。稍微有些复杂，请大家参照以下实例。

样 本 显示B2:B4单元格区域的平均值与B5单元格值的比较结果　　`03-09-02.xlsm`

```
Sub 工作表函数2()
  Dim heikin As Double, hyouka As String
  heikin = [AVERAGE(B2:B4)]  ●———❶
  hyouka = Application.Evaluate("IF(B5>=200，""合格""，""不合格"")")  ●———❷
  MsgBox "平均: " & heikin & Chr(10) & "评价: " & hyouka  ●———❸
End Sub
```

❶用[ ]执行AVERAGE函数，将处理结果代入变量heikin中。

❷用Evaluate方法执行IF函数，B5单元格的值在200及以上时返回"合格"，不满足时返回"不合格"，并代入变量hyouka中。

❸在对话框中显示变量值。该行代码中Chr(10)代表换行。

	A	B	C	D	E
1	科目	分数			
2	语文	63			
3	数学	78			
4	英语	90			
5	合计	231			
6					
7					
8					
9					

Microsoft Excel ✕

平均:77
评价:合格

确定

10 用 Array函数创建数组

扫码看视频

Array函数

Array函数用于将**参数指定的各元素创建为数组并返回**。使用Array函数创建的数组被保存在Variant型（**p.59**）变量中。该函数创建的数组的下标值通常为0（**p.65**）。

格式 》》 **用Array函数创建数组**

数组变量名 = Array（元素1，元素2，元素3）

样本 **用Array函数创建数组变量xAry**   03-10-01.xlsm

```
Sub 数组测试1()
    Dim xAry As Variant                '声明变量xAry为Variant型
    xAry = Array("犬", "猫", "文鸟")      '用Array函数创建数组并代入
    MsgBox xAry(0) & "：" & xAry(1) & "：" & xAry(2)
End Sub
```

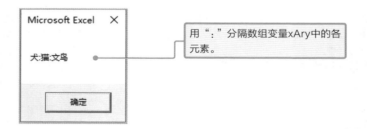

用"："分隔数组变量xAry中的各元素。

在单元格内显示用Array函数创建的数组各元素

将用Array函数创建的数组代入Range对象的Value属性内，可以在Excel单元格内显示数组中的各元素值，且在同一行单元格内从左到右按顺序显示。注意，指定的单元格区域的列数要与元素个数相同。

样本 **将Array函数各元素显示在A1:C1单元格区域内** `03-10-02.xlsm`

```
Sub 数组测试2()
    Range("A1:C1").Value = Array("犬", "猫", "文鸟")
End Sub
```

数组内各元素显示在A1:C1单元格区域内。

如果Range("A1:C1")写成"Range(A1:C2)",设置单元格区域为2行,将显示2行相同的数组值。

实用的专业技巧! **静态数组与动态数组**

声明时指定元素个数,且元素个数不可更改的数组为"**静态数组**",可更改元素个数的数组为"**动态数组**"。

创建动态数组时,声明数组名后的()内无须写入元素个数,如"**Dim 数组名() As 数据类型**"。最后,使用ReDim语句指定元素个数。

使用ReDim语句变更元素个数时,将重置已有的元素值。更改元素个数但需要保留原有元素值时,还需要指定关键字Preserve。

样本 **先声明动态数组,再更改元素个数** `03-10-03.xlsm`

```
Sub 动态数组测试()
    Dim myAry() As String       '声明动态数组myAry为String型
    ReDim myAry(1)              '设置动态数组myAry的元素个数为2
    myAry(0) = "山"
    myAry(1) = "海"
    ReDim Preserve myAry(2)     '保留原有元素值并更改myAry元素个数为3
    myAry(2) = "空"
    MsgBox myAry(0) & ": " & myAry(1) & ": " & myAry(2)
End Sub
```

11 条件表达式的基础知识

扫码看视频

比较运算符：比较值的大小

条件表达式是指**用指定条件来比较两个及以上的值或公式的计算结果的式子**。条件表达式返回值为True（条件成立）或False（条件不成立）。例如，条件表达式为"Range("A1").Value>=0"，A1单元格的值若大于或等于0，则返回True，若小于0则返回False。

条件表达式主要用于条件分支处理，一般不单独使用。

> **笔记**
>
> 条件表达式的返回值用True或False来表示的值，叫"真假值"或"逻辑值"。

格式 >> 条件表达式

值1 **比较运算符** 值2

样本 根据A1单元格的值返回True或False

```
Range("A1").Value >= 0
```

● 比较运算符

运算符	说明	示例	结果
=	等于	10=4	False
<>	不等于	10<>4	True
>	大于	10>4	True
>=	大于或等于	10>=4	True
<	小于	10<4	False
<=	小于或等于	10<=4	False

Is运算符：比较对象引用

比较对象引用是否相同时，使用Is运算符。查询对象变量是否没有任何引用时，用Nothing。

样本　比较对象引用

rng Is Range("A1") ● — 变量rng如果引用A1单元格，返回True，否则返回False。

rng Is Nothing ● — 变量rng没有对象引用时，返回True，否则返回False。

Like运算符：模糊条件比较

运用Like运算符时，可以使用通配符表示任意字符串，**以模糊条件比较字符串**。

● 通配符

符号	说明与示例	结果
*	0字符以上的任意字符串 示例 "bird" Like "b*"	True
?	任一字符 示例 "bird" Like "b???"	True
#	任一数字 示例 "G20" Like "G#"	False
[]	[]内为单个字符 示例 "a" Like "[xy]"	False
[!]	[]内指定字符以外的单个字符 示例 "a" Like "[!xy]"	True
[-]	[]内指定范围内的单个字符 示例 "a" Like "[a-c]"	True

样本　使用通配符判定A1单元格的值

```
'A1单元格的值中有字符串"市"时返回True，否则返回False
Range("A1").Value Like "*市*"
```

前页示例中，Like运算符的右边指定了""*市*""。通配符*表示**"0字符以上的任意字符串"**，因此，最后一位字符是"市"字的"横滨市""广岛市"和"津市"等为True，"市役所""市民会馆"等首字符为"市"字的也为True。另外，像"长崎市役所"类似的字符串中间包含"市"字的也为True。

如果指定为""市*""，则"市役所"为True，"横滨市"为False。如果用表示**任一字符**的通配符？指定为""？市""，则"横滨市"为False，"津市"为True。

熟练掌握通配符的组合应用，可以简明快速地判断出比较对象的值是否是目标值。

逻辑运算符：组合多个条件

查找"A大于0且A小于10"这样的**多重条件时**，可以使用**逻辑运算符**。

● 主要逻辑运算符

运算符	描述	示例	结果
And	条件1与条件2均为True时返回True，否则返回False（条件1且条件2）	10>3 And 8<2	False
Or	条件1与条件2中至少有一条为True时返回True，否则返回False（条件1或条件2）	10>3 Or 8<2	True
Not	"Not条件1" 形式，条件1为True时返回False，否则返回True（非条件1）	Not 10>3	False

样本 **判断单元格A1、B1的值**

```
'单元格A1、B1均不为空时为True，否则为False
Range("A1").Value <> "" And Range("B1").Value <> ""
```

78

Excel

控制语句

Sample_Data/03-12/

12 条件分支

扫码看视频

依据条件执行不同操作

　　条件分支是指根据条件表达式的结果（True/False）执行不同操作的结构，是程序特有的处理。应用条件分支可以指定各种条件，编写出更灵活实用的程序。希望大家能够完全掌握条件分支的写法和用法。

● **条件分支示意图**

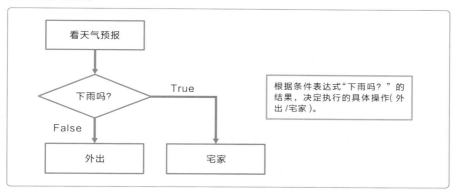

条件表达式结果为True时执行操作

　　仅当条件表达式结果为True（满足指定条件）时执行特定操作，这时要用If语句。前面介绍的条件表达式（**p.76**）可以使用If语句进行判断。

格式 ≫ **If语句**

```
If 条件表达式 Then
    满足条件时执行的操作
End If
```

　　If语句也可以写成一行，这时**"执行的操作"**出现在Then的右侧，就不需要End If。

第3章 VBA基础知识

If 条件表达式 Then 执行的操作

```
Sub 条件分支1()
    '单元格C3值不足1时背景变为浅蓝色
    If Range("C3").Value < 1 Then
        Range("C3").Interior.Color = rgbLightBlue  ──❶
    End If
End Sub
```

❶ "rgbLightBlue"是代表浅蓝色RGB值的常量，详细内容请参照**p.150**。

	A	B	C	D
1				
2	实际销售额	目标销售额	完成比	
3	83	100	83%	
4				

满足条件（值不足1），单元格背景变为浅蓝色。83%是0.83。

根据条件表达式结果，执行不同操作

根据条件表达式结果不同（True或False），执行不同操作时，在If语句中需要使用**关键字Else**。

格式 >> **关键字Else**

If条件表达式 Then
　满足条件时执行的操作
Else
　不满足条件时执行的操作
End If

样本 **根据条件表达式的结果执行不同操作**

`03-12-02.xlsm`

```
Sub 条件分支2()
    If Range("C3").Value >= 1 Then
        '单元格C3值为1及以上时背景变为浅粉色
        Range("C3").Interior.Color = rgbLightPink
    Else
        '单元格C3值不足1时背景变为浅绿色
        Range("C3").Interior.Color = rgbLightGreen
    End If
End Sub
```

	A	B	C	D
1				
2	实际销售额	目标销售额	完成率	
3	126	100	126%	
4				

	A	B	C	D
1				
2	实际销售额	目标销售额	完成率	
3	99	100	99%	
4				

按顺序判断多个条件，执行不同操作

在If语句中可以使用**关键字ElseIf，当条件表达式的结果为False时，进行下一条件判断，执行不同操作**。ElseIf个数与设置的条件个数相同，还可以通过指定Else规定不满足所有条件时执行的操作（可省略）。

格式 》》 **关键字ElseIf**

If条件表达式1 Then
　满足条件1时执行的操作
ElseIf条件表达式2 Then
　不满足条件1但满足条件2时执行的操作
Else
　所有条件均不满足时执行的操作
End If

```
Sub 条件分支3()
    '单元格C3值为1及以上时
    If Range("C3").Value >= 1 Then
        Range("C3").Interior.Color = rgbLightPink
    '为0.8及0.8以上且不足1时
    ElseIf Range("C3").Value >= 0.8 Then
        Range("C3").Interior.Color = rgbLightGreen
    '为0.6及0.6以上且不足0.8时
    ElseIf Range("C3").Value >= 0.6 Then
        Range("C3").Interior.Color = rgbLightBlue
    '不满足以上所有条件时
    Else
        Range("C3").Interior.Color = rgbRed
    End If
End Sub
```

▲	A	B	C	D
1				
2	实际销售额	目标销售额	完成率	
3	45	100	45%	
4				

> 所有条件均不满足时，单元格背景变为红色。45%是0.45。

对同一值执行不同操作

使用SelectCase语句，可以**将指定的某值作为判断基准，根据该值执行不同操作**。在开头处设置基准值，通过后面的条件表达式判断True或False。

● **Case条件的写法**

格式	内容	代码示例
Case值	任意值	Case 2
Case值1,值2,…	多个值中的任一值	Case 2,4,6
Case值1 to 值2	值1（含）与值2（含）之间	Case 2 to 8
Case Is 比较运算符 值	"基准值 比较运算符 值"成立时	Case Is >= 8

格式 **≫≫ SelectCase语句**

Select Case基准值
　　Case 条件1
　　　操作1
　　Case 条件2
　　　操作2
　　Case Else
　　　不满足所有条件时执行的操作
End Select

样 本 **对话框中信息随C3单元格值的变化而变化** `03-12-04.xlsm`

```
Sub 条件分支4()
    Select Case Range("C3").Value
        '1.2及1.2以上
        Case Is >= 1.2
            MsgBox "太棒了! "
        '大于1
        Case Is > 1
            MsgBox "不错哟! "
        '等于1
        Case 1
            MsgBox "完成目标! "
        '其他
        Case Else
            MsgBox "继续加油! "
    End Select
End Sub
```

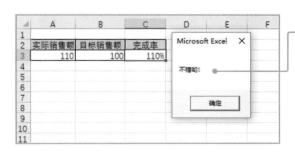

C3单元格的值是1.1（110%），
在对话框显示"不错哟！"。

13 循环

重复执行相同操作

　　循环是指**只要满足一定的条件，便重复执行相同的操作**，如"直到变量值为0"或"单元格中有值期间"等。和条件判断一样，循环是VBA实用操作中非常重要的一个概念。

● 循环示意图

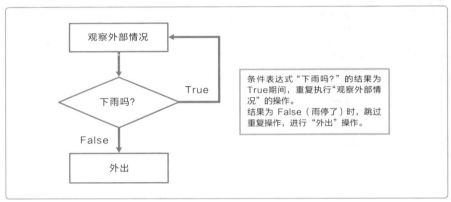

观察外部情况

下雨吗？　　True

False

外出

条件表达式"下雨吗？"的结果为True期间，重复执行"观察外部情况"的操作。
结果为 False（雨停了）时，跳过重复操作，进行"外出"操作。

满足条件期间重复执行相同操作

　　条件表达式的结果为True（满足指定条件）期间重复执行特定操作时，需要使用**Do Loop语句**。使用条件表达式（**p.76**）前还需要使用**关键字While或Until**。

● 循环关键字

关键字	说明
While	满足条件期间，重复执行特定操作
Until	不满足条件期间（直至满足时），重复执行特定操作

格式 ▶▶ **Do Loop语句（While语句）**

```
Do While条件表达式
    执行的操作
Loop
```

格式 ▶▶ **Do Loop语句（Until语句）**

```
Do Until 条件表达式
    执行的操作
Loop
```

样 本 **B列单元格不为空时，循环执行操作（While关键字）** `03-13-01.xlsm`

```
Sub 重复执行1()
    Dim i As Integer
    i = 3        '从工作表第3行开始操作，为变量i赋值3

    'B列的第i行（"实际销售额"列的单元格）值不为空时
    Do While Range("B" & i).Value <> ""
        Range("A" & i).Interior.Color = rgbLightGreen
        i = i + 1      '移至下一行，变量i+1
    Loop       '返回Do While行
End Sub
```

上述代码示例中，从工作表的第3行开始，执行"**B列中有任意值时，为同行的A列设置背景色（淡绿）**"的操作。

此例中，每执行一次操作后需要向下移动一行，因此在循环的最后输入"i=i+1"（现有变量i值+1后的值再代入至变量i）。据此，变量i的值逐渐加1，操作对象的行号也随之增大。这种**用于循环的变量**叫作"**计数型变量**"。

注意，如果不使用计数型变量，变量i的值不会发生变化，操作对象固定在"B3单元格"和"A3单元格"上。

B列实际销售额中有值时（不为空时），设置A列单元格背景色为淡绿色。B5单元格为空值，所以A5单元格背景色不变（维持原样）。

	A	B	C	D	E
1					
2	营业	实际销售额	目标销售额	完成率	
3	铃木	110	100	110%	
4	田中	110	120	92%	
5	齐藤		150	0%	
6	山本		200	0%	
7					

样本　重复执行操作直至B列单元格为空（Until关键字）

03-13-02.xlsm

```
Sub 重复执行2()
    Dim i As Integer
    i = 3

    '直至B列（"实际销售额"列）的第i行单元格为空值时
    Do Until Range("B" & i).Value = ""
        Range("D" & i).Interior.Color = rgbLightGray
        i = i + 1        'Count变量i加1
    Loop          '返回Do Until行
End Sub
```

	A	B	C	D	E
1					
2	营业	实际销售额	目标销售额	完成率	
3	铃木	110	100	110%	
4	田中	110	120	92%	
5	齐藤		150	0%	
6	山本		200	0%	
7					

B列不为空时，为D列单元格设置背景色为灰色。

实用的专业技巧！　循环无法停止时如何处理

因为漏写终止条件等导致循环一直持续的状态叫"**无限循环**"。当陷入无限循环，重复执行无法停止时，可以按 Ctrl + Break 组合键或 Ctrl + Pause 组合键强制终止程序。如果依旧无法终止，可以开启任务管理器，强行终止无响应的Excel（**p.42**）。

至少执行一次操作

代码中有"Do While条件表达式"或"Do Until条件表达式"时，执行操作前先判断条件，有时也会发生不执行操作直接结束的情况。**希望至少执行一次操作**时，可以在Loop右侧写条件表达式。

格 式 >> **Do···Loop While / Do···Loop Until**

> Do
>   执行的操作
> Loop   While（或Until）条件表达式

指定循环的次数

如 "从工作表的第3行开始到第8行"，指定循环的次数时，使用For Next语句。

在For Next语句中也可以使用计数型变量指定次数，**计数型变量可以自动加数**，和Do Loop语句中的 "i=i+1" 一样，不需要进行加法运算。比较下列代码与p.85的Do Loop语句的代码。

格 式 >> **For Next语句**

> For 计数型变量 = 初始值 To 终点值 [Step步长]
>   执行的操作
> Next［计数型变量］

※用[ ]括起的元素可以省略。

循环次数为计数型变量初始值到终点值的次数。**执行操作后，计数型变量会自动增加步长。**

步长为1时，可省略 "Step步长"。

样 本　指定循环的次数　　　　　　　　　　　　03-13-03.xlsm

```
Sub 重复执行3()
    Dim i As Integer

    '计数型变量i值位于1到5之间
    For i = 1 To 5
        Range("A" & i).Value = i   '为A列第i行填入变量i
    Next   '返回For行
End Sub
```

	A	B	C	D	E
1	1	i=1 Range("A" &i)→Range("A1")			
2	2	i=2 Range("A" &i)→Range("A2")			
3	3	i=3 Range("A" &i)→Range("A3")			
4	4	i=4 Range("A" &i)→Range("A4")			
5	5	i=5 Range("A" &i)→Range("A5")			
6					

计数型变量i每次增加1，引用的单元格"Range("A" &i)"也随之下移1行。

变更步长

用"**Step步长**"设置步长为2后，变量i每次增加2。示例中的计数型变量变为1、3、5，执行结果仅显示奇数行。

样本　**设步长为2**　　　　　　　　　　　　　　　　　03-13-03.xlsm

```
Sub 重复执行4()
    Dim i As Integer

    For i = 1 To 5 Step 2
        Range("B" & i).Value = i
    Next
End Sub
```

设步长为负数时，可以按数值递减顺序执行操作。利用这个技巧，可以在工作表中自下向上执行操作。

样本　**设步长为"-1"**　　　　　　　　　　　　　　　　03-13-03.xlsm

```
Sub 重复执行5()
    Dim i As Integer

    For i = 5 To 1 Step -1
        Range("C" & i).Value = i
    Next
End Sub
```

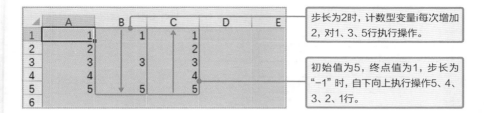

步长为2时，计数型变量i每次增加2，对1、3、5行执行操作。

初始值为5，终点值为1，步长为"-1"时，自下向上执行操作5、4、3、2、1行。

对集合和数组内的各元素执行相同操作

对集合和数组内的各元素执行相同操作时，使用For Each Next语句。例如，适用于"**对工作簿内所有工作表执行相同操作**"的情况。

格式 >> **For Each Next语句**

```
For Each 变量 In 集合或数组
    执行的操作
Next
```

For Each Next语句的变量应为**对象型**或**Variant型**（**p.59**）。

例如，Worksheets集合的元素是Worksheet对象，使用Worksheet型变量。单元格使用Range型，数组使用Variant型。

样本 **为指定区域内的各单元格输入各自的单元格地址**   03-13-04.xlsm

```
Sub 重复执行6()
    Dim rng As Range

    '将单元格区域A1：C4的单元格按顺序赋予变量rng，重复下项操作
    For Each rng In Range("A1:C4")
        '将变量rng的单元格地址输入到变量rng的单元格内
        rng.Value = rng.Address
    Next '返回For Each行
End Sub
```

	A	B	C	D
1	A1	B1	C1	
2	A2	B2	C2	
3	A3	B3	C3	
4	A4	B4	C4	
5				

A1:C4单元格区域的各单元格被输入单元格地址。

> **笔记**
>
> Range对象的Address属性，以字符串形式返回单元格的地址。

样本 在对话框内显示Array函数创建的数组中的各元素 　　`03-13-05.xlsm`

```
Sub 重复执行7()
    Dim ar As Variant
    '将Array函数创建的数组元素分别赋予变量ar
    For Each ar In Array("东", "西", "南", "北")
        MsgBox ar    '用对话框显示被赋予的各元素
    Next
End Sub
```

中途终止操作

达到目标值后不再继续执行后续操作，**需要中途终止执行**时，需要使用 **Exit Do语句**、**Exit For语句**。

如果中途需要终止过程的运行时，需要使用Exit Sub语句，也可以使用If 等条件语句，判断是否跳过操作。

● 主要Exit语句

语句	内容
Exit Do	跳过Do…Loop的循环
Exit For	跳过For Each、For Next的循环
Exit Sub	立即终止Sub过程
Exit Function	立即终止Function过程

样本 **达到目标植，中途终止循环**

```
Sub 中途终止重复执行()
    Dim i As Integer

    For i = 3 To 8
        'C列第i行的单元格值大于等于单元格C1时
        If Range("C" & i).Value >= Range("C1").Value Then
            Range("C" & i).Interior.Color = rgbLightGreen
            MsgBox "目标达成日期：" & Range("A" & i).Value
            Exit For    '跳过重复执行
        End If
    Next
End Sub
```

第3章 VBA基础知识

	A	B	C	D	E	F
1		目标值:	10,000			
2	日期	销售额	累计销售额			
3	3月1日	2,200	2,200			
4	3月2日	2,300	4,500			
5	3月3日	2,800	7,300			
6	3月4日	2,800	10,100			
7	3月5日	2,200	12,300			
8	3月6日	2,500	14,800			
9						

Microsoft Excel ×

目标达成日期2020/3/4

确定

当单元格值超过C1单元格的目标值后，则将单元格背景设置为浅绿色，并用对话框显示出A列的日期，并终止循环。

14 过程的调用

调用过程并运行

VBA中运行某过程期间**想要调用并运行其他过程**时，可以直接写入想要调用的过程名称，或使用Call语句。

以上两种方法都可调用其他过程，而Call语句更加一目了然，建议尽量选用。

格 式 ≫ **Call语句**

Call 过程名

样 本 　**在过程test1中调用过程"达成信息1"**　　03-14-01.xlsm

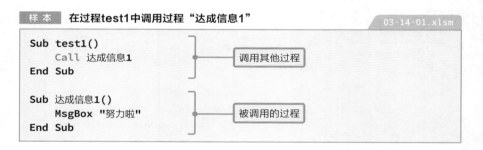

```
Sub test1()
    Call 达成信息1        ●——[ 调用其他过程 ]
End Sub

Sub 达成信息1()
    MsgBox "努力啦"      ●——[ 被调用的过程 ]
End Sub
```

运行过程test1后，调用过程"达成信息1"并运行。

指定参数调用过程

被调用的过程必须用到参数时，调用的同时要写入参数。

格 式 》》 在Call语句中指定参数

Call 过程名（参数）

样 本   调用含参数的过程并运行

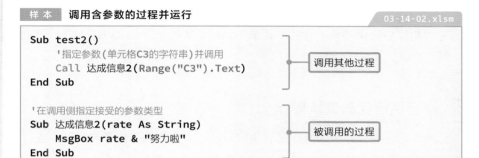

```
Sub test2()
    '指定参数(单元格C3的字符串)并调用
    Call 达成信息2(Range("C3").Text)
End Sub
```

调用其他过程

```
'在调用侧指定接受的参数类型
Sub 达成信息2(rate As String)
    MsgBox rate & "努力啦"
End Sub
```

被调用的过程

将C3单元格中的字符串当作参数，并出现在对话框内。

笔 记

直接用过程名调用过程时，参数不用()括起，在过程名的后面插入半角空格来指定即可。

15 确认操作与基础调试

检测程序错误并修正称为**"调试"**。本节为大家介绍在VBE中内置的主要调试功能。

逐行执行代码确认操作

确认编写的程序中的操作是否正确时，可以采用在**"中断模式"**下逐行执行代码的检验方法。逐行执行也叫"逐语句"。

逐行执行时，在VBE中选择［调试］→［逐语句］选项，或按 F8 功能键。下面逐行执行以下程序来确认操作。

样本　**中断模式确认用代码**　　　　　　　　　　　　03-15-01.xlsm

```
Sub 调试1()
    Dim i As Integer
    i = 3

    '根据A列和D列的第i行值，确定D列第i行单元格的背景色
    Do While Range("A" & i).Value <> ""
        If Range("D" & i).Value >= 1 Then
            Range("D" & i).Interior.Color = rgbLightPink
        Else
            Range("D" & i).Interior.Color = rgbLightBlue
        End If
        i = i + 1
    Loop
End Sub
```

通过逐行执行确认程序的操作是否正确时，请大家调整窗口大小和位置，以便可以同时看到Excel和VBE两个界面。具体操作顺序如下。

❶ 光标定位在Sub过程内任意位置。

❷ 按F8功能键转为中断模式，接下来要执行的代码处出现亮黄色背景。

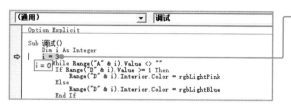

❸ 先执行第一行，接下来执行的行变为亮黄色背景。

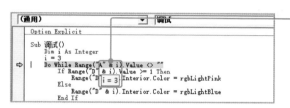

❹ 光标指向变量i时，显示当前变量值。

❺ 按F8功能键执行下一行。

❻ 按F8功能键逐行执行代码的同时，观察Excel界面，查看执行操作的结果。

❼ 执行完最后一行后，按F8功能键，终止程序。

笔记

中途终止调试时，单击［重新设置］按钮❶。如果要一次性执行完时，单击［继续］按钮❷。

从Sub过程的中途开始实施逐行执行时，在希望中断操作的行上设置"断点"。

下面介绍添加断点的方法。单击代码窗口左侧灰色部分 ❶，设置断点的行变为红色。单击[运行过程]→[用户窗体]按钮运行过程 ❷，在设置有断点的行处中断运行 ❸。然后按 F8 功能键可以继续执行逐行操作。

单击红点位置可撤销断点。

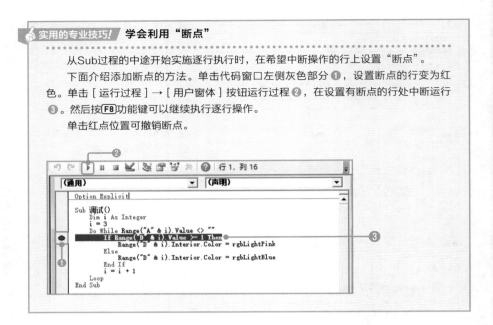

显示变量或属性值验证代码

想要查看如**"运行时变量i的值如何变化""属性值如何变化"**等内容时，在**"立即窗口"**显示对象变量和属性值即可。

[立即窗口]打开方式如下。

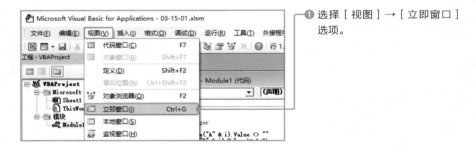

❶ 选择[视图]→[立即窗口]选项。

在[立即窗口]中显示内容的代码格式如下。

格 式 ≫ 在 [立即窗口] 显示变量和属性值

> Debug.Print 变量名
> Debug.Print 属性

样 本　将值显示在 [立即窗口] 中

`03-15-02.xlsm`

```
Sub 调试2()
    Dim i As Integer
    i = 3

    Do While Range("A" & i).Value <> ""
        '显示变量i的值
        Debug.Print i

        '显示A列第i行单元格的值
        Debug.Print Range("A" & i).Value
        i = i + 1
    Loop
End Sub
```

第3章 VBA基础知识

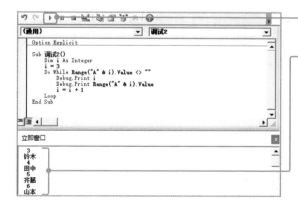

❶ 在过程中移动光标，单击 [运行过程] → [用户窗体] 按钮。

❷ 变量i的值和A列中第i行的值被显示出来。

提示

　　在 [立即窗口] 中也可以显示函数的结果，确认属性值。例如? Date和? Worksheets(1).Name，在立即窗口中输入?，再输入函数或属性后按Enter键，下一行显示计算的值。

必备基础知识

16 如何查找不懂的内容

Sample_Data/03-16/

扫码看视频

在线帮助

当出现"录制宏"功能中有自己不明白的语句等情况时，可以利用**在线帮助**查找不懂的内容。选择想查找的语句部分，或者将光标定位在该部分的同时按**F1**功能键，打开Microsoft帮助页面。

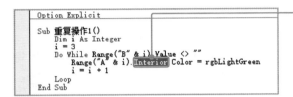

❶ 选择想要查找的语句，然后按**F1**功能键。

```
Option Explicit

Sub 重复操作1()
    Dim i As Integer
    i = 3
    Do While Range("B" & i).Value <> ""
        Range("A" & i).Interior.Color = rgbLightGreen
        i = i + 1
    Loop
End Sub
```

❷ 启动浏览器，显示该语句的说明页面。

> **笔记**
>
> 也可以通过［帮助］菜单中的［MicrosoftVisualBasicforApplication帮助］选项打开Microsoft公司的网站查找。

第 **4** 章

单元格基本
操作与实例

本章为大家介绍VBA中单元
格的操作。Excel中的数据是通过
单元格管理，学会单元格操作让
Excel的数据处理更自由。

扫码看视频

01 引用单元格

Excel通过"**单元格**"管理各种数据，正确指定单元格就显得尤其重要。

在VBA中，单元和单元格区域隶属**Range对象**。本节将为大家总结一些用来引用Range对象的基本属性。

Range属性

Range属性用来获取引用了"**参数指定的单元格或单元格区域**"的Range对象。

格 式 ≫ Range属性

> 对象.Range（单元格地址1，[单元格地址2]）

在之前学习对象中，指定Worksheet对象或Range对象，对象被省略时，将返回当前工作表的单元格或单元格区域。指定Range对象的情况下，返回与指定对象相应的单元格或单元格区域（p.111）。

也可以省略第2参数，仅指定**单元格地址1**时，引用单个单元格或单元格区域，同时还指定**单元格地址2**，引用从**单元格地址1**到**单元格地址2**之间的单元格区域（参照下表）。

样 本　引用A1单元格　　　　　　　　　　　04-01-01.xlsm

> Range("A1")

● 单元格引用例

代码例	引用单元格
Range("A1")	A1单元格（单个单元格）
Range("B1：C2") Range("B1","C2")	B1:C2单元格区域
Range("A3,C3")	不相邻的单元格A3和C3
Range("销售额")	名为"销售额"的单元格

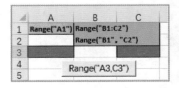

Cells属性

Cells属性用来获取引用"**参数指定行号与列号的单元格**"的Range对象。在学习对象时指定Worksheet对象或Range对象（**p.100**），省略该参数，将引用所有的单元格。

格式 》》**Cells属性**

```
对象.Cells（[行号], [列号]）
```

样 本 **引用C2单元格**   `04-01-02.xlsm`

```
Cells(2,3)
```

● 单元格引用示例

代码例	引用单元格
Cells(2,3)	C2单元格（第2行第3列）
Cells(1,"A")	A1单元格（第1行第A列）
Cells	所有单元格

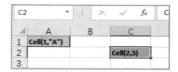

笔 记

引用当前工作表内的单元格时，可以省略工作表名称直接写成Range("A1")、Cells(1,2)。引用其他工作表的单元格时，需写为Worksheets(1).Range("A1")。

实用的专业技巧! **Range属性与Cells属性的组合**

可以使用Range属性和Cell属性的组合来指定单元格区域。例如，引用A1:B3单元格区域可按以下操作进行。

样 本 **引用A1:B3单元格区域**   `04-01-03.xlsm`

```
Range(Cells(1,1),Cells(3,2))
```

ActiveCell属性和Selection属性

ActiveCell属性用来获取引用"**当前单元格**"的Range对象。

Selection属性用来获取引用"**所选单元格区域**"的Range对象。

所选单元格只有一个时，ActiveCell和Selection执行的操作相同，两者都默认当前工作表为操作对象。

样 本　引用所选单元格区域　　　　　　　　　　　　　　　04-01-04.xlsm

```
Selection
```

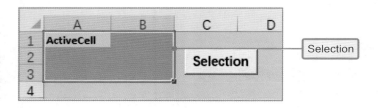

> 笔 记
>
> Selection属性表示引用工作表中被选的对象。注意，被选对象为单元格则引用单元格，被选对象为图形则引用图形。

Select方法和Activate方法

需要**选择**单元格或单元格区域时用**Select方法**。**激活**某单元格时用**Activate方法**。

选择单个单元格时，可以使用Select 方法，也可以使用Activate方法，两者执行的操作相同。但使用Activate方法选择所选区域内的单元格时，所选区域保持不变，仅区域内被激活的单元格发生变化。两种方法都以当前工作表为操作对象。例如，[销售额]工作表不是当前工作表时，运行代码"Worksheets("销售额").Range("A3").Select"会出现错误。**编写代码前将对象工作表选定为当前工作表，再选择单元格。**

样 本　**选择单元格区域并显示地址**

`04-01-05.xlsm`

```
Sub 选择单元格范围()
    '用Select方法选择B3:C5单元格区域
    Range("B3:C5").Select

    '在对话框内显示选择的单元格区域和当前单元格的地址
    MsgBox "所选单元格:" & Selection.Address & _
            "、当前单元格:" & ActiveCell.Address
End Sub
```

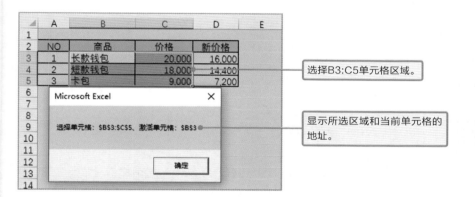

选择B3:C5单元格区域。

显示所选区域和当前单元格的地址。

笔 记

Address属性用来获取指定单元格区域的地址（**p.291**）。

单元格引用方法

Sample_Data/04-02/

02 使用变量引用单元格

扫码看视频

使用变量引用单元格

针对单元格的程序在运行中**需要遵守**"对表格中各个单元格""每操作一次向下移动一个单元格"等**条件**时，可以通过变量来引用单元格。

样 本 **使用变量引用单元格**   04-02-01.xlsm

```
Sub 使用变量引用单元格()
    Dim i As Long
    '设置变量i范围从3到5，递增1
    For i = 3 To 5
        '在A列第i行中输入值"i-2"
        Range("A" & i).Value = i – 2

        '在i行第4列（D列）上，输入i行第3列的值乘0.8后的值
        Cells(i, 4).Value = Cells(i, 3).Value * 0.8
    Next
End Sub
```

关于Range属性和Cells属性的使用方法，请参照**p.100～p.101**。

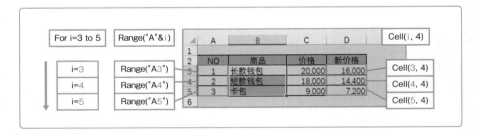

03 通过名称引用单元格

扫码看视频

活用名称框

可以通过为单元格或单元格区域设置"**名称**",通过名称引用单元格。为单元格或单元格区域设置名称时按以下顺序操作。

❶ 选择单元格或单元格区域。

❷ 在名称框里输入名称并按 Enter 键,为选定单元格(单元格区域)设置名称。

设置名称后,代码中不需要再写成"Range("B3:B5")",可以写成"Range("商品")"。

样本 **使用名称引用单元格**
`04-03-01.xlsm`

```
Range("商品")
```

使用名称引用单元格的方法主要有以下两种,其特点如下。

- 插入或删除行·列导致单元格地址发生变化时,也无须修改代码。
- 名称被添加在工作簿中,从其他工作表指定单元格时也无须再指定工作表。

第 4 章 单元格基本操作与实例

04 引用行和列

针对行和列执行某些操作时，需要先引用目标行和目标列。

引用行用Range对象的**Rows属性**，**引用列**用Range对象的Columns属性。

Rows属性

在<对象>中指定Worksheet对象，表示引用工作表的行；指定Range对象，表示引用指定单元格区域；省略对象，表示引用**当前工作表**的行。

格 式 》 **Rows属性**

```
对象.Rows（[行号]）
```

返回引用参数指定**行**的Range对象。省略该参数时，引用所有的行。

样 本 引用工作表的第4行（单个行）　　　　　04-04-01.xlsm

```
Rows(4)
```

指定多个行时，行号通过用"括起的字符串格式来指定。

● 行引用示例

代码例	引用单元格
Rows(4)	单行：第4行
Rows("1:2")	多行：第1~2行
Rows	所有的行

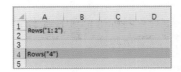

Columns属性

返回引用了参数指定**列**的Ragne对象。省略该参数时，引用所有的列。

Columns属性与Rows属性中的对象用法相同。

格式 ≫ **Columns属性**

对象. Columns（[列号]）

样本 **引用工作表的第1列（单列）** `04-04-02.xlsm`

```
Columns(1)
```

● **列引用示例**

代码例	引用单元格
Columns(1)	单列：第1列
Columns("A")	单列：第A列
Columns("C:D")	多列：C～D列
Columns	所有列

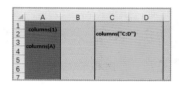

引用含指定单元格的所有行·所有列

引用含指定单元格在内的所有行时，使用Range对象的**EntireRow**属性。引用含指定单元格在内的所有列时，使用Range对象的**EntireColumn**属性。

样本 **选择含A1单元格在内的所有行** `04-04-03.xlsm`

```
Range("A1").EntireRow.Select
```

样本 **选择含A1单元格在内的所有列** `04-04-04.xlsm`

```
Range("A1").EntireColumn.Select
```

05 统计行数和列数

删除指定的行

统计工作表或表格内的**行数和列数**时，用Range对象的**Count属性**。下面通过指定Rows.Count，获得工作表中的总行数（Excel 2007之后的版本为1 048 576行），并删除A3单元格到C列最下一行范围内的所有数据。

样 本	删除指定数量的行	04-05-01.xlsm

```
Sub 删除表内所有数据()
    '删除从A3单元格开始到C列最下一行内的数据
    Range("A3:C" & Rows.Count).ClearContents
End Sub
```

※ClearContents方法用来删除单元格内的数据（**p.167**）。

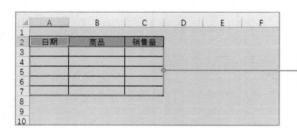

删除A3单元格到C列最下一行单元格内的所有数据。

Rows.Count执行时以工作簿的全行数为准，通过上述代码，可以解决不同版本之间总行数不同的问题。Excel 2007（含）之后版本的总行数为1 048 576；Excel 2003（含）之前版本的总行数为65 536。

> **笔 记**
>
> 也可以将Range属性和Cells属性（**p.100-p.101**）组合使用，代码为"Range("A3 ", Cells(Rows.Count,"C ").ClearContents"。

06 查找指定的行号、列号

程序运行过程中，有时需要指定特定的行号或列号进行操作。查找指定的**行号**用Row属性，**列号**用Column属性。End属性用来获取**指定单元格上下左右四个方向的边缘单元格**（**p.116**）。

样 本　　指定特定单元格位置　　　　　　　　　　　　　　04-06-01.xlsm

```
Sub 获取行和列号()
    '声明变量r、c、i
    Dim r As Long, c As Long, i As Long

    '以A2单元格为起点，将位于表格下部的单元格行号代入变量r
    r = Range("A2").End(xlDown).Row
    '以A2单元格为起点，将位于表格右部的单元格列号代入变量c
    c = Range("A2").End(xlToRight).Column

    '引用右端的"销售量"列，值为80及以上时文字变为红色
    For i = 3 To r
        If Cells(i, c).Value >= 80 Then
            Cells(i, c).Font.Color = rgbRed
        End If
    Next
End Sub
```

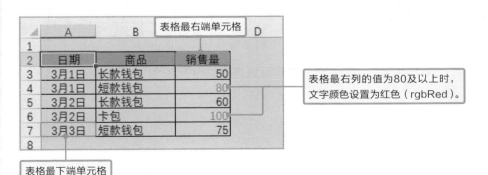

表格最右端单元格

表格最右列的值为80及以上时，文字颜色设置为红色（rgbRed）。

表格最下端单元格

更改行高、列宽

扫码看视频

RowHeight属性和ColumnWidth属性

RowHeight属性用来**更改行高**，ColumnWidth属性用来**更改列宽**。需要根据单元格内的字符数量或文字大小**自动调整行高和列宽**时，使用**AutoFit方法**。

样 本	更改行高和列宽	04-07-01.xlsm

```
Sub 调整行高和列宽()
    Rows(2).RowHeight = 25          '设置第2行的行高为25
    Rows("3:5").AutoFit             '自动调整第3-5行的行高
    Columns(1).ColumnWidth = 10     '设置第1列（A列）的列宽为10
    Columns("B:C").AutoFit          '自动调整B列和C列的列宽
End Sub
```

更改行高和列宽的效果。

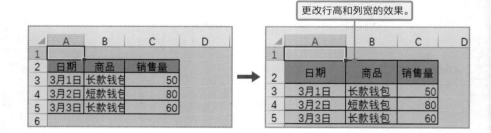

我们还可以用以下代码更改行高或列宽为指定值（使用AutoFit方法时必须指定行或列）。

样 本	更改行高和列宽	04-07-01.xlsm

```
Range("A2").RowHeight = 25
```

引用表格内的单元格、行、列

Sample_Data/04-08/

08 引用表格内的单元格

扫码看视频

引用表格内的单元格

引用表格内的单元格，如"表格中的第1行·第2列的单元格"，先指定单元格区域（表格位置），再用**Range属性**和**Cells属性**引用单元格。使用这种方法可以十分方便地引用表格里的单元格。

样 本 引用指定单元格区域内的单元格

`04-08-01.xlsm`

```
Sub 引用表格中的单元格1()
    Dim rng As Range
    '将B2:D5单元格区域代入变量rng
    Set rng = Range("B2:D5")
    '设置表格内（B2:D5单元格区域）第1行第1列的单元格为淡绿色
    rng.Range("A1").Interior.Color = rgbLightGreen
    '设置表格内（B2:D5单元格区域）第3行第2列的单元格为淡蓝色
    rng.Cells(3, 2).Interior.Color = rgbLightBlue
End Sub
```

上例中，将表格所在单元格区域保存为变量rng，代码rng.Range("A1")表示引用表格中第1行第1列的单元格。代码rng.Cells(3, 2)表示引用表格中第3行第2列的单元格。请大家留意这种**指定相对位置的方法**。

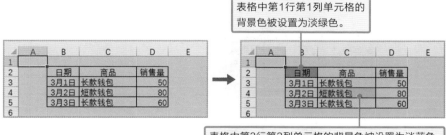

表格中第1行第1列单元格的背景色被设置为淡绿色。

表格中第3行第2列单元格的背景色被设置为淡蓝色。

不仅是单元格区域，也可以以单个单元格为基准，引用以该单元格为起点的相对位置上的单元格。例如，下列代码返回值为"**C3单元格**"（以B2单元格为起点的第2列第2行）。

样本 引用以指定单元格为起点的相对位置的单元格

```
Range("B2").Cells(2,2)
```

专栏 通过索引号引用表格内的单元格

工作表内的单元格按从左上向右下的顺序标有索引号，A1单元格索引号是1，B1单元格索引号是2，C3单元格索引号是3……

使用Cells属性的代码"Cells(1)"代表引用索引号为1的单元格。引用表格中最先和最后的单元格时参照以下示例。

样本 使用索引号引用单元格 `04-08-02.xlsm`

```
Sub 引用表格内的单元格2()
    Dim rng As Range
    Set rng = Range("B2:D5")
    '设置表格内最先（第1行第1列）的单元格为淡绿色
    rng.Cells(1).Interior.Color = rgbLightGreen
    '设置表格内最后（右下角）的单元格为淡蓝色
    rng.Cells(rng.Count).Interior.Color = rgbLightBlue
End Sub
```

使用Count属性（**p.108**）可以统计表格内的单元格数量，代码"rng.Cells(rng.Count)"代表引用表格中最末一个单元格（右下角的单元格）。

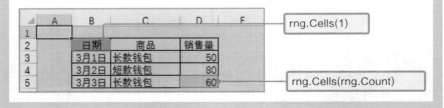

引用表格内的单元格、行、列

Sample_Data/04-09/

09 引用表格内的行和列

对表格内的行和列执行操作

例如 "删除表格内的第2行" "设置第1列的格式" 等不针对整体工作表，只对**表格内的某些行或列执行操作**时，与引用表格内的单元格（p.111）相同，在单元格区域后用 **Rows属性**和 **Columns属性**引用行和列。

样本　**引用表格内的行和列**

04-09-01.xlsm

```
Sub 引用表格内行和列()
    '声明变量rng,rcnt,ccnt
    Dim rng As Range, rcnt As Long, ccnt As Long
    '在变量rng中保存B2:D6单元格区域
    Set rng = Range("B2:D6")
    rcnt = rng.Rows.Count         '获得表格的行数，并代入变量rcnt
    ccnt = rng.Columns.Count      '获得表格的列数，并代入变量ccnt

    '设置表格内最后一列为淡蓝色，表格内第1行为淡绿色
    '设置表格最后一行的上线为双划线
    rng.Columns(ccnt).Interior.Color = rgbLightBlue
    rng.Rows(1).Interior.Color = rgbLightGreen
    rng.Rows(rcnt).Borders(xlEdgeTop).LineStyle = xlDouble
End Sub
```

> 设置表格中第1行（rng.Rows(1)）为淡绿色，最后一列rng.Columns(ccnt)为淡蓝色。

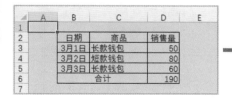

> 设置最后一行的上线rng.Rows(rcnt)为双划线

10 引用数值和空白单元格

引用特定单元格

引用"有数值的单元格"或者"空白单元格"等**特定单元格**时，使用 **SpecialCells方法**。使用该方法，可以用来完成"在统计表中的空白栏输入0"或"统一删除数据"等多种操作。

格 式 **》 SpecialCells方法**

Range对象.SpecialCells(*Type*, [*Value*])

参 数　*Type* ：指定数据类型（参考下页表格）
　　　Value ：参数Type指定为xlCellTypeConstants或xlCellTypeFormulas后可用（参考下页表格）。

SpecialCells方法表示**从Range对象指定的单元格区域中，获取与参数指定条件一致的所有单元格**。

找不到符合条件的单元格时，提示错误。

样 本　删除有数值的单元格　　　　　　　　　　　04-10-01.xlsm

```
Sub 删除特定单元格()
    Dim rng As Range
    '从A2:D5单元格区域中获取有数值的单元格，并代入rng
    Set rng = Range("A2:D5").SpecialCells(xlCellTypeConstants, _
                                          xlNumbers)
    rng.ClearContents    '删除保存在变量rng中的单元格区域
    Set rng = Nothing    '初始化变量rng
End Sub
```

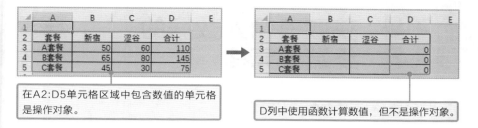

在A2:D5单元格区域中包含数值的单元格是操作对象。

D列中使用函数计算数值，但不是操作对象。

● 参数Type的主要设置值

设置值	内容
xlCellTypeBlanks	空白单元格
xlCellTypeComments	含有注释的单元格
xlCellTypeConstants	含有常量的单元格（**通过参数Value可指定类型**）
xlCellTypeFormulas	含有函数的单元格（**通过参数Value可指定类型**）
xlCellTypeLastCell	使用区域内的最后一个单元格
xlCellTypeVisible	可见单元格
xlCellTypeAllFormatConditions	任意格式单元格
xlCellTypeSameFormatConditions	含有相同格式的单元格
xlCellTypeAllValidation	含有验证条件的单元格
xlCellTypeSameValidation	含有相同验证条件的单元格

只有在参数*Type*指定xlCellTypeConstants或xlCellTypeFormulas后才可以设置参数*Value*，如果省略该参数，所有的常量和算式都成为操作对象。

● 参数Value的设置值

设置值	内容
xlNumbers	数值（例：10、20）
xlTextValues	文字（例：NO、合计）
xlErrors	错误值（例：#DIV/0!、#N/A、#Name? 等）
xlLogical	逻辑值（TRUE、FALSE）

提示

这里指定的常量是直接输入到单元格中的文字和数值。

11 获取已输入数据的终端单元格

获取表格最下方单元格

要自动定位表格中的新单元格，先用Range对象的**End属性**获取表格的最下方单元格。

End属性表示**引用以指定单元格为起点、位于有数据单元格和空白单元格分界处的单元格**（与按 Ctrl + ↑/↓/←/→ 组合键执行的操作相同）。

格 式 ≫ **End属性**

> Range对象.End(*Direction*)

参数 | *Direction*：指定偏移方向（参考下表）。

以Range对象中指定的单元格为起点，引用参数指定方向上的**终端单元格**（中途出现空白单元格时，自动选择"空白单元格的前一单元格"）。

● 参数*Direction*的设定值

设置值	内容
xlDown	下端
xlUp	上端
xlToRight	右端
xlToLeft	左端

▲	A	B	C	D	E
1					
2	NO	姓名	会员级别	出生年月日	
3	1	饭田 明美	特别会员	1994/12/6	
4	2	坂本 雄二	预备会员	2001/8/19	
5	3	春日 邮纪惠	正式会员	1986/4/22	
6					

以单元格A2为起点，选择最下方单元格。

样 本 　**引用表格中最下方单元格** 　　　　　　　　　　04-11-01.xlsm

```
Sub 选择表格中最下方单元格()
    '以单元格A2为起点，选择下方空白单元格的前一单元格
    Range("A2").End(xlDown).Select
End Sub
```

Excel

12

获取终端单元格的下一单元格

扫码看视频

引用相对位置上的单元格

引用位于指定单元格的"下1""右2"等**相对位置上的单元格**时，使用 **Offset属性**。Offset属性表示**引用从起点的单元格开始偏移指定行数和列数的单元格**。

格 式 》》 **Offset属性**

Range对象.Offset([*RowOffset*], [*ColumnOffset*])

参 数 | *RowOffset* ：指定偏移的行数。正数向上，负数向下。
ColumnOffset ：指定偏移的列数。正数向右，负数向左。

以Range对象指定的单元格为起点，根据参数指定的**行数**及**列数**偏移，获得偏移后的单元格。参数为0或省略时，不发生偏移。

样 本 **为新行设置边框线**

04-12-01.xlsm

```
Sub 为新行设置边框线()
    Dim cnt As Long
    '将表格的列数代入变量cnt
    cnt = Range("A2:D5").Columns.Count

    '选择单元格A2下方终端单元格的下一个单元格
    '设新行行首为当前单元格
    Range("A2").End(xlDown).Offset(1).Select

    '获得新行的范围，设置边框线
    Range(ActiveCell, ActiveCell.Offset(0,cnt - 1)) _        ❶
                      .Borders.LineStyle = xlContinuous

    '在当前单元格的上一单元格的值上加1，为新行输入连号
    ActiveCell.Value = ActiveCell.Offset(-1,0).Value + 1     ❷

    '当前单元格向右偏移1（单元格B6）
    ActiveCell.Offset(0,1).Select
End Sub
```

获取新行所在的单元格区域时，在Range属性中设置起点为"当前单元格（ActiveCell）"，终点为"从当前单元格向右偏移<列数-1>"❶。

　　在新行中输入序号时，需在当前单元格的上一单元格的值上再加1❷。

为新行设置序号和边框线。

> **笔 记**
>
> 　　向下偏移一行时用Offset(1)，向右偏移一列时用Offset(,1)，不发生偏移的列或行时可以省略。

13

引用表格

引用整个表格

CurrentRegion属性

引用的表格中数据变化频繁且大小不一时，可以使用**CurrentRegion属性**。CurrentRegion属性用来获取**空白的行和列围起来的四边形区域**（当前单元格区域，功能与 Ctrl + Shift + : 组合键相同）。

格 式 ≫ **CurrentRegion属性**

Range对象.CurrentRegion

样 本 **引用整个表格**　　　　　　　　　　　　　　04-13-01.xlsm

```
Sub 引用整个表格()
    '选择含A2单元格在内的当前单元格区域
    Range("A2").CurrentRegion.Select
End Sub
```

	A	B	C	D
1				
2	NO	姓名	会员级别	出生年月日
3	1	饭田 明美	特别会员	1994/12/6
4	2	坂本 雄二	预备会员	2001/8/19
5	3	春日 由纪惠	正式会员	1986/4/22
6				

→

	A	B	C	D
1				
2	NO	姓名	会员级别	出生年月日
3	1	饭田 明美	特别会员	1994/12/6
4	2	坂本 雄二	预备会员	2001/8/19
5	3	春日 由纪惠	正式会员	1986/4/22
6				

选择整个表格。

> **笔记**
>
> CurrentRegion属性用来获取空白行和空白列围起来的四边形单元格区域。大家注意，如果相邻单元格中输入数据，如表格上方输入标题等，相邻单元格也会被同时选中。
>
>

14

引用表格中的数据

Resize属性

使用**Resize属性**，可以更改行数或列数，**重新选择引用的单元格区域**。该属性有很多种用法，比如可以恢复**CurrentRegion属性**（**p.119**）获取的单元格区域，并改变大小，再引用除表格标题栏之外的数据部分。

格 式 ≫ **Resize属性**

Range对象.Resize([*RowSize*] , [*ColumnSize*])

参数 | *RowSize* ：指定更改后的行数。
ColumnSize ：指定更改后的列数。

变更Range对象指定的单元格区域为参数指定的行数、列数后再重新获取单元格区域。如果不更改行数或列数时，该参数可以省略。

下面示例中仅选择表格中的数据部分，用Offset属性（**p.117**）将含A2单元格在内的整个表格的引用范围下移一行，再用Resize属性代码Resize（.Rows.Count-1）将表格中的标题行移出选择区域。

样 本 **选择表格中除标题行之外的数据部分**

04-14-01.xlsm

```
Sub 选择表格中的数据部分()
    With Range("A2").CurrentRegion
        .Offset(1).Resize(.Rows.Count - 1).Select
    End With
End Sub
```

※With语句请参考**p.38**。
※用ClearContents方法替换Select方法，即可删除数据。

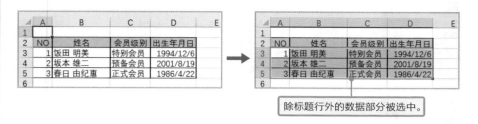

除标题行外的数据部分被选中。

用Offset 属性 ".Offset(1,1)"将表格整体向下偏移一行，向右偏移一列，再用Resize属性 "Resize(rCnt-1,cCnt-1)"更改行数和列数，移除表格中的标题行和A列，仅引用和选择数据部分的单元格。

样本 选择除标题行和标题列之外的数据部分

`04-14-02.xlsm`

```
Sub 选择除标题行与标题列的部分()
    Dim rCnt As Long, cCnt As Long
    With Range("A2").CurrentRegion
        rCnt = .Rows.Count        '获得表格的行数，并代入rCnt
        cCnt = .Columns.Count     '获得表格的列数，并代入cCn
        '选择除去第一行和第一列的范围
        .Offset(1,1).Resize(rCnt - 1,cCnt - 1).Select
    End With
End Sub
```

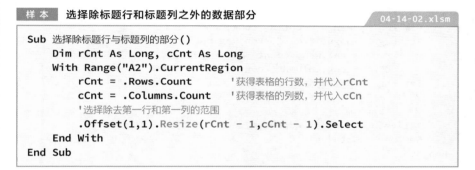

除标题行·列之外的数据部分被选中。

15 用合计之外的数据生成图表

舍弃表格部分内容

用表格内除合计之外的数据制作柱形图、折线图等时，使用Resize属性
（**p.120**）移除合计部分，选中图表的数据区域。

样 本	使用表格数据部分制作图表	04-15-01.xlsm

```
Sub 移除合计行列制作图表()
    Dim rng As Range, rCnt As Long, cCnt As Long
    Set rng = Range("A2").CurrentRegion
        rCnt = rng.Rows.Count        '获得表格的行数，并代入变量rCnt
        cCnt = rng.Columns.Count     '获得表格的列数，并代入变量cCnt
    Set rng = rng.Resize(rCnt - 1,cCnt - 1)  '变更表格的引用范围

    '使用变量rng制作图表（柱形图）
    ActiveSheet.Shapes.AddChart2.Chart.SetSourceData rng
    Set rng = Nothing
End Sub
```

※如何制作图表请参照p.319。

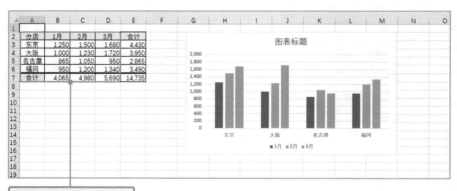

以合计列·行外的数据为
基础制作图表。

Excel

16 获取单元格的值

Sample_Data/04-16/

扫码看视频

Value属性

获取单元格内输入的字符串或数值时，需要使用Range对象的**Value属性**。使用该属性可以设置，也可以获取单元格内的值。

格 式 ▶▶ **Value属性**

```
Range对象.Value
```

样 本　**设置单元格内的数据**　　　　　　　　　　　　04-16-01.xlsm

```
Sub 数据的获得与设定()
    Range("B3").Value = "樱花手包"    '字符串以"括起
    Range("C3").Value = 1500
    Range("D3").Value = Range("C3").Value * 0.8
    Range("E3").Value = #3/15/2019#   '设置日期(p.69)
End Sub
```

	A	B	C	D	E
1					
2	NO	商品名称	价格	新价格	进货日期
3	1				
4					

➡

	A	B	C	D	E
1					
2	NO	商品名称	价格	新价格	进货日期
3	1	樱花手包	1,500	1,200	2019/3/15
4					

实用的专业技巧!　**Value属性与Text属性**

Value属性只获取值，不获取格式。例如单元格内为¥1,000时，只获取1000不获取货币符号。

想要获取单元格内原本的字符串值时，使用Range对象的Text属性。使用Text属性可以获取字符串¥1,000。

第 **4** 章　单元格基本操作与实例

在单元格内输入字符和公式

17 获得单元格内的公式

扫码看视频

Formula属性

使用Range对象的**Formula属性**，可以获取·应用**单元格内的公式**。应用时使用**A1引用样式**输入单元格地址，如"=A1+B1"，注意需要用"括起。

格式 》 Formula属性

Range对象.Formula

样本 以引用A1单元格形式设置计算公式　　　　　　　04-17-01.xlsm

```
Sub 输入算式()
    Range("E6").Formula = "=SUM(E4:E5)"
    Range("E4:E5").Formula = "=SUM(B4:D4)"
    Range("F4:F5").Formula = "=IF(E4>=500,""○"",""△"")"    ❶
End Sub
```

❶算式中含"时，需连输两个"。

通过Formula属性应用公式。

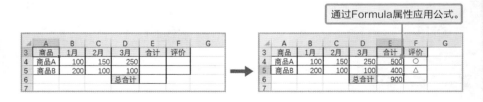

将公式应用到单元格区域后，除首行单元格外，其他目标单元格处输入自动调整后的公式。上列代码中的第3行，将在E4单元格中输入=SUM(B4:D4)公式，在E5单元格中输入=SUM(B5:D5)公式。

18

将某一单元格内的公式 应用到其他单元格

扫码看视频

根据目标单元格区域自动调整公式范围

将某单元格中的公式应用到其他单元格时，需要大家注意。使用Formula属性（**p.124**）获得的公式，引用时保持原数据不变。例如，使用Formula属性获得E6单元格的公式=SUM(E4:E5)并应用到其他单元格后，公式=SUM(E4:E5)不发生改变。

引用时需要根据目标单元格的范围调整公式中的单元格地址时，可以使用**FormulaR1C1属性**。该属性以**R1C1引用样式**获得算式，主要应用于通过Range对象指定的单元格（或单元格区域）。我们要明白它们的不同，并区分使用。

格 式 ≫ **FormulaR1C1属性**

Range对象.FormulaR1C1

样 本 **以R1C1引用样式（相对引用）应用公式**

`04-18-01.xlsm`

```
Sub 将算式应用到其他单元格()
    '使用Formula函数获得E6单元格的公式，并应用到E1单元格
    Range("E1").Formula = Range("E6").Formula

    '使用FormulaR1C1属性获得各个公式，并应用到指定单元格区域
    Range("E9:E11").FormulaR1C1 = Range("E4:E6").FormulaR1C1  ●──❶
End Sub
```

❶ 将E4:E6单元格区域的公式通过相对引用的方式应用到E9:E11单元格区域时，使用FormulaR1C1属性（R1C1引用样式）获取并应用。通过R1C1引用样式，可以根据目标单元格调整公式中的单元格地址。

第 **4** 章 单元格基本操作与实例

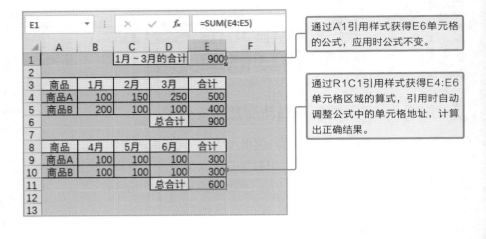

通过A1引用样式获得E6单元格的公式，应用时公式不变。

通过R1C1引用样式获得E4:E6单元格区域的算式，引用时自动调整公式中的单元格地址，计算出正确结果。

通过相对引用方式编写公式

通过相对引用方式编写公式时，使用**R1C1引用样式**，例如"=RC[-2]+RC[-1]"。

R1C1引用样式是指以"基准单元格的左1，下2"这样的相对位置来引用单元格的形式。代码为"**R[行偏移数]C[列偏移数]**"。在行偏移数中，正数代表向下偏移，负数代表向上偏移；列偏移数中，正数代表向右偏移，负数代表向左偏移。

例如，通过相对引用方式引用前一示例E9:E10单元格区域中的公式时，代码如下。

样本 以R1C1引用样式（相对引用）应用公式　　　04-18-02.xlsm

```
Sub 相对引用算式 ()
    '通过FormulaR1C1属性的相对引用获得公式，应用到指定单元格区域
    Range("E9:E10").FormulaR1C1 = "=SUM(RC[-3]:RC[-1])"
End Sub
```

19 保持原格式复制单元格区域内的值

扫码看视频

复制其他单元格区域内的值

可以**将某单元格区域内的值以原格式复制到其他单元格区域中**。在下例中，"统计"工作表中值被复制到当前工作表其他位置。

样 本　将单元格区域内的值应用至其他单元格区域

`04-19-01.xlsm`

```
Sub 将单元格范围内的值应用至其他单元格范围()
  '将"统计"工作表中的值应用到当前工作表
  Range("B3:D4").Value = Worksheets("统计").Range("B3:D4").Value
  Range("E3:G4").Value = Worksheets("统计").Range("B8:D9").Value
End Sub
```

第一行代码表示将"统计"工作表中B3:D4单元格区域的值，应用到当前工作表的B3:D4单元格区域中。第二行代码表示将"统计"工作表中B8:D9单元格区域的值，应用到当前工作表的E3:G4单元格区域中。

● "统计"工作表

▲	A	B	C	D	E
1					
2	商品	1月	2月	3月	合计
3	商品A	100	150	250	500
4	商品B	200	100	100	400
5				总合计	900
6					
7	商品	4月	5月	6月	合计
8	商品A	110	120	130	360
9	商品B	100	110	120	330
10				总合计	690
11					

● 当前工作表

▲	A	B	C	D	E	F	G
1							
2	商品	1月	2月	3月	4月	5月	6月
3	商品A	100	150	250	110	120	130
4	商品B	200	100	100	100	110	120
5							

第4章　单元格基本操作与实例

127

20 设置字符格式

需要将单元格内的字符设置为加粗或斜体等时，使用Range对象的**Font属性**获取Font对象（显示全体Font属性），再使用Font对象的属性来**设置字符格式**。

格　式 ➤➤ **使用Font属性获取Font对象**

```
Range对象.Font
```

● **Font对象的主要属性**

属性	内容	设定值
Name	字体名	字符串
Bold	加粗	True（设置）/False（取消）
Italic	斜体	True（设置）/False（取消）
Underline	下划线	True（设置）/False（取消）
Size	字号	以数字为单位进行设定
Color	字体颜色	RGB函数值（**p.150**）
TintAndShade	颜色浓淡	−1 ~ 1
ThemeFont	主题字体	xlThemeFont常量

样　本　**设置单元格内的字符格式**　　　　　　　　　04-20-01.xlsm

```
Sub 设置字符格式()
    With Range("A1").Font
        .Name = "MS 等线"      '字体名
        .Size = 15            '字号
        .Bold = True          '加粗
        .Underline = True     '下划线
    End With
End Sub
```

	A	B	C	D	E
1	第1季度销售额				
2					
3	商品	1月	2月	3月	合计
4	商品A	100	150	250	500
5	商品B	200	100	100	400
6				总合计	900
7					

	A	B	C	D	E
1	**第1季度销售额**				
2					
3	商品	1月	2月	3月	合计
4	商品A	100	150	250	500
5	商品B	200	100	100	400
6				总合计	900
7					

A1单元格中的字符格式发生改变。

另外，用Name属性更改的字体需要恢复为Excel标准字体时，在Name属性中设置**Application.StandardFont**。用Size属性更改的字号需要恢复为标准字号时，在Size属性中设置**Application.StandardFontSize**。

专栏

TintAndShade属性和ThemeColor属性

TintAndShade属性用来设置颜色明暗度。0为中间值，在−1（暗）～1（明）范围内使用小数来指定。

ThemeColor属性与字体颜色中的[主题颜色]相对应（[主题颜色]中的配色根据工作簿主题发生变化而变化）。

● **Excel 2019中的标准配色**

设定值	主题颜色
xlThemeColorDark1	背景1
xlThemeColorLight1	Text1
xlThemeColorDark2	背景2
xlThemeColor Light2	Text2
xlThemeColorAccent1	Accent1
xlThemeColorAccent2	Accent2
xlThemeColorAccent3	Accent3
xlThemeColorAccent4	Accent4
xlThemeColorAccent5	Accent5
xlThemeColorAccent6	Accent6

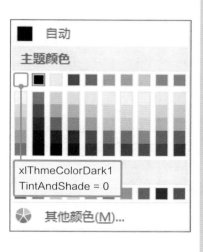

21 更改字符在单元格中的位置

扫码看视频

设置字符位置

通过设置字符在单元格内的位置或换行，让表格看上去更整齐。下面介绍一些用来设置字符位置的属性。

样本 设置字符在单元格内的位置　　　　　　　　　　　04-21-01.xlsm

```
Sub 设置字符位置()
    '选择范围内居中
    Range("A1:B1").HorizontalAlignment = xlCenterAcrossSelection

    With Range("A3:B3")
        .HorizontalAlignment = xlCenter        '水平方向居中
        .VerticalAlignment = xlBottom          '垂直方向靠下
    End With

    Range("A4:A6").HorizontalAlignment = xlCenter    '水平方向居中
    Range("B5").ShrinkToFit = True            '缩小字号显示全部内容
    Range("B6").WrapText = True               '换行显示全部内容
End Sub
```

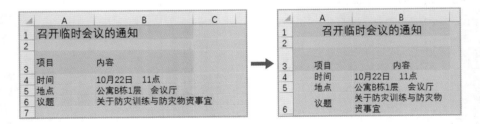

● **更改单元格内字符位置的主要属性**

属性	内容	设定值
HorizontalAlignment	水平位置	参照下表
VerticalAlignment	垂直位置	参照下表
WrapText	适应列宽换行，显示全部	True（设置）/False（取消）
ShrinkToFit	适应列宽缩小字号，显示全部	True（设置）/False（取消）
MergeCells	合并单元格	True（设置）/False（取消）

● HorizontalAlignment的设定值

设定值	内容
xlGeneral	标准
xlLeft	靠左
xlCenter	中央
xlRight	靠右
xlFill	填充
xlJustify	调节对齐
xlCenterAcross Selection	选择范围内中央对齐
xlDistributed	平均对齐

● VerticalAlignment的设定值

设定值	内容
xlTop	靠上
xlCenter	中央
xlBottom	靠下
xlJustify	调节对齐
xlDistributed	平均对齐

第 4 章 单元格基本操作与实例

合并单元格

　　下面介绍部分合并单元格和为合并后的单元格设定值的代码。引用合并后的单元格，是指引用合并后的首个单元格或整体单元格区域。

样本　合并单元格操作和对合并后的单元格进行操作

```
Range("A1:B1").MergeCells = True      '合并单元格A1与B1
Range("A1").Value = "ABC"             '指定合并后的首个单元格并赋值
Range("A1:B1").Value = "ABC"          '指定单元格区域并赋值
Range("A1").MergeArea.Value = "ABC"   '引用通过MergeCells属性合并的单元格
                                      '并赋值
```

22 用格式符号指定日期和数值的格式

扫码看视频

设置单元格中的数字格式

设置单元格中数字的格式时，使用Range对象中的**NumberFormatLocal 属性**。该属性的设定值，可以通过［设置单元格格式］对话框的［分类］列表框的［自定义］中指定的格式符号来设置。

样本 设置单元格中的数字格式　　　　　　　　　　　04-22-01.xlsm

```
Sub 设定数字格式()
    Range("A4:A5").NumberFormatLocal = "mm/dd"
    Range("B4:B5").NumberFormatLocal = "0000"
    Range("C4:D5").NumberFormatLocal = "#,##0"
End Sub
```

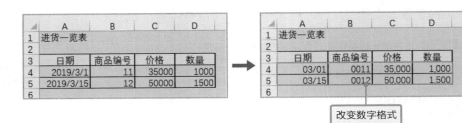

改变数字格式

● **数字的格式符号**

格式符号	内容	设定例	值	结果
#	一位数字（不补0）	"###"	10	10
0	一位数字（补0）	"000"	10	010
,	每3位隔开	"#,##0"	1000000	1,000,000
.	小数点	"0.00"	10.5	10.50
%	百分号	"0.0%"	0.2456	24.6%

● 字符的格式符号

格式符号	内容	设定例	值	结果
@	字符串	"""担当："""@"	铃木	担当：铃木

● 日期/时间的格式符号

格式符号	内容	设定例	值	结果
yy yyyy	公历年后2位 公历年4位	"yy/mm/dd" "yyyy""年"""	2019/7/29	19/07/29 2019年
m mm	月份1位或2位 月份2位	"m/d" "mm/dd"	2019/7/29	7/29 07/29
d dd	日期1位或2位 日期2位	"m""月"" d""日" "mm-dd"	2019/7/29	7月29日 07-29
h hh	时间1位或2位 时间2位	"h""时""" "hh""时"""	7:05:20	7时 07时
m mm	分钟1位或2位 分钟2位	"h""时""m""分""" "hh:mm"	7:05:20	7时5分 07：05
s ss	秒数1位或2位 秒数2位	"s""秒""" "hh:mm:ss"	7:05:20	20秒 07:05:20
AM/PM	带"AM""PM" 表示12小时	"AM/PM h:mm"	7:05:20	AM 7:05

实用的专业技巧！ 取消格式

如果要取消单元格中设定的格式，则在NumberFormatLocal属性中设置""G/标准""。但是在日期单元格内这样设置，会导致出现"连续日期"的状况，因此日期单元格必须设置为日期格式。

样 本 设置单元格中的数字格式为标准 `04-22-01.xlsm`

```
Range("B4:D5").NumberFormatLocal = "G/标准"
```

Sample_Data/04-23/

23

设置单元格背景和字符的颜色

扫码看视频

设置颜色的两种方法

为单元格或字符设置颜色时，需要使用**Color属性的XlRgbColor常量**。

XlRgbColor常量自带主要颜色，掌握该常量后通过简单的代码就可以快速指定颜色。

想要详细指定颜色时，需要通过Color属性来指定**RGB值**。RGB值是指在**0～255之间**，**以整数形式**分别指定红、绿、蓝三色的比例，再通过**RGB函数**计算得到的值。

样 本	设置单元格与字符颜色	04-23-01.xlsm

```
Sub 设置单元格与字符颜色()
    Range("A3:C3").Interior.Color = rgbDarkGreen    '通过常量设置
    Range("A3:C3").Font.Color = RGB(255,255,0)      '通过RGB值设置
End Sub
```

	A	B	C
1		新品一览表	
2			
3	商品编号	商品名称	价格
4	0123	家庭用投影仪	50,000
5	0234	办公用投影仪	180,000
6			

→

	A	B	C
1		新品一览表	
2			
3	商品编号	商品名称	价格
4	0123	家庭用投影仪	50,000
5	0234	办公用投影仪	180,000
6			

XlRgbColor常量

XlRgbColor常量中的自带色彩丰富，共有140多种。常量名用色彩的英文表示，设置起来简单方便。

主要颜色如下表所示。若设置填充色为"无"，将常量设为xlNone即可。

● **XlRgbColor常量中的主要值**

名称	颜色	示例
rgbBlack	黑	
rgbWhite	白	
rgbBlue	蓝	
rgbDarkBlue	深蓝	
rgbDarkGreen	深绿	
rgbDarkGrey	深灰	
rgbDarkOrange	深橙	
rgbDarkRed	深红	
rgbDeepSkyBlue	深天空蓝	
rgbLightGreen	淡绿	
rgbLightGrey	淡灰	

名称	颜色	示例
rgbLightPink	淡粉	
rgbLime	酸橙	
rgbMediumPurple	淡紫	
rgbOrange	橙色	
rgbOrangeRed	橙红	
rgbPurple	紫色	
rgbRed	红色	
rgbViolet	紫色	
rgbYellow	黄色	
rgbViolet	紫	
rgbYellow	黄	

> **实用的专业技巧!** | **设置颜色的其他方法**
>
> 除Color属性外，还有ColorIndex属性、ThemeColor属性、TintAndShade属性等方法可以设置颜色。
>
> ColorIndex属性是Excel 2002/2003之前版本中的一种设置方法（Excel 2003之后的版本中也可以使用）。
>
> ThemeColor属性和TintAndShade属性用于在VBA中设置主题颜色（**p.129**）。

RGB函数

RGB函数是通过指定各参数计算RGB值的函数，参数值是**位于0～255之间的整数**。使用RGB函数能够设置比使用XlRgbColor常量更多的色彩表现。

格 式 ≫ **RGB函数**

RGB(*Red*, *Green*, *Blue*)

● RGB函数

RGB函数示例	颜色	
RGB(0,0,0)	黑	
RGB(255,255,255)	白	
RGB(192,0,0)	深红	
RGB(255,0,0)	红	
RGB(255,192,0)	橙	
RGB(255,255,0)	黄	
RGB(146,208,80)	淡绿	
RGB(0,176,80)	绿	
RGB(0,176,240)	淡蓝	
RGB(0,112,192)	蓝	
RGB(0,32,96)	深蓝	
RGB(112,48,160)	紫	

提示

　　使用RGB函数有时会出现与XI-RgbColor常量颜色不同的情况。例如，rgbOrange是RGB(255,165,0)，与标准橙色有差异。

专栏

用RGB函数查找红、蓝、绿的数值

调整已经使用RGB函数设置过的颜色时，按以下顺序操作。

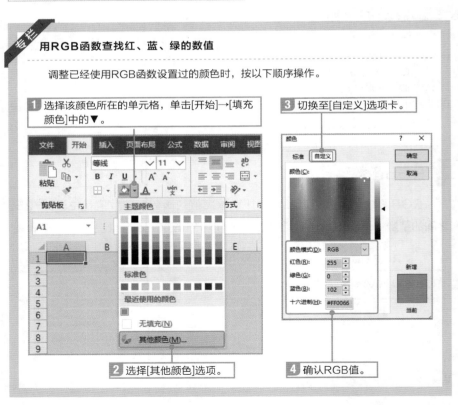

1 选择该颜色所在的单元格，单击[开始]→[填充颜色]中的▼。

2 选择[其他颜色]选项。

3 切换至[自定义]选项卡。

4 确认RGB值。

24 为单元格添加边框线

扫码看视频

需要为单元格添加边框线时，要指定**具体添加的位置**与**线的种类**。还可以指定线的**粗细**和**颜色**。添加位置用**Borders属性**指定，种类用**LineStyle属性**指定，粗细用**Weight属性**指定。

第 4 章 单元格基本操作与实例

Borders属性

边框线的添加位置通过Borders属性来指定，该属性用来**获取指定Range对象的Borders集合或Borders对象**。添加位置用参数Index来指定，当省略该参数时，将获得代表指定单元格上下左右四边的Borders集合。

格 式 》 **Borders属性**

Range对象.Borders([*Index*])

参 数 | *Index* ：指定边框线的添加位置。

● 参数Index的设定值

设定值	内容
xlEdgeTop	单元格区域的上边框线
xlEdgeBottom	单元格区域的下边框线
xlEdgeLeft	单元格区域的左边框线
xlEdgeRight	单元格区域的右边框线
xlInsideHorizontal	单元格区域内部横线
xlInsideVertical	单元格区域内部竖线
xlDiagonalDown	单元格左上至右下斜线
xlDiagonalUp	单元格左下至右上斜线

LineStyle属性

LineStyle属性表示在通过Borders属性获得的位置（添加线的位置）上添加指定的线。

格 式 ▶▶ **LineStyle属性**

Range对象. LineStyle

在学习对象时是通过Borders属性获得的**Borders对象**或**Borders集合**。

● **LineStyle属性的设定值**

设定值	内容	
xlContinuous	实线	
xlDash	虚线	
xlDashDot	点划相间线	
xlDashDotDot	划线后跟两个点	
xlDot	点式线	
xlDouble	双线	
xlSlantDashDot	倾斜划线	
xlLineStyleNone	无线条	

Weight属性

Weight属性用来指定边框线的粗细。

格 式 ▶▶ **Weight属性**

Range对象. Weight

使用Weight属性可以设置细线、中细线、粗线等，具体请参照下表。

● Weight属性的设定值

设定值	内容	
xlHairLine	细线	
xlThin	中细线	
xlMedium	中粗线	
xlThick	粗线	

样本 为单元格添加边框线

04-24-01.xlsm

```
Sub 添加边框线()
    With Range("A3:C5").Borders        '为A3:C5单元格区域添加边框线
        .LineStyle = xlContinuous      '线条类型"实线"
        .Weight = xlThin               '粗细为"中细"
    End With

    Range("A3:C3").Borders(xlEdgeBottom)
        .LineStyle = xlDouble          '为下边框设置双划线
End Sub
```

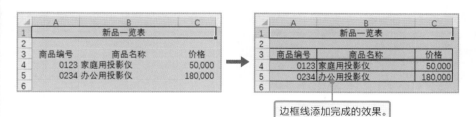

边框线添加完成的效果。

笔记

如果需要删除边框线，设置LineStyle属性为xlLineStyleNone即可。

第 4 章 单元格基本操作与实例

移动或复制表格 Sample_Data/04-25/

25 移动单元格

扫码看视频

移动表格至其他位置

需要**将表格移动到其他位置**时，使用**Cut方法，还可以移动数据、格式和公式**。但是，移动内容中**不包含列宽**，移动后需对表格进行调整。

格 式 ≫ **Cut方法**

Range对象.Cut([**Destination**])

参数 | **Destination**：指定目标位置。

该参数可以省略，省略后，剪切的单元格被保存在剪贴板中。此时，需要用Paste方法（**p.142**）或PasteSpecial方法（**p.144**）进行粘贴。

样 本 **移动表格**　　　　　　　　　　　　　　　　04-25-01.xlsm

```
Sub  移动表格()
    Range("A1:C3").Cut Range("A4")
End  Sub
```

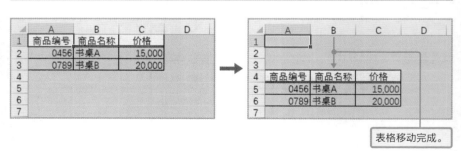

表格移动完成。

26 复制单元格

扫码看视频

复制表格至其他位置

需要**将表格复制到其他位置**时，使用**Copy方法**。与在前页中介绍的**Cut方法类似，可以复制数据、格式和公式。**

格 式 >> **Copy方法**

Range对象.Copy([*Destination*])

参数 | *Destination*：指定目标位置。

复制Range对象指定的单元格，并粘贴到参数Destination指定的位置。也可以省略该参数，省略后，复制的单元格被保存在剪贴板中。此时，需要用Paste方法（**p.142**）或PasteSpecial方法（**p.144**）进行粘贴。

样 本 复制表格   04-26-01.xlsm

```
Sub 复制表格()
    Range("A1:C3").Copy Range("A5")
End Sub
```

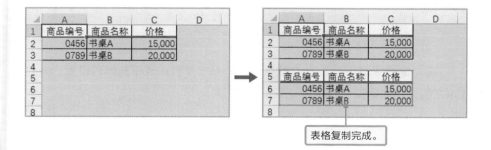

表格复制完成。

141

需要将复制的单元格移动到其他工作表中时，在参数Destination中指定目标工作表和单元格即可。代码如下。

样 本 **移动·复制表格到其他工作表** `04-26-02.xlsm`

```
Sub 移动复制表格到其他工作表()
    '复制表格到其他工作表
    Range("A1:C3").Copy Worksheets("Sheet2").Range("A1")

    '移动表格到其他工作表
    Range("A1:C3").Cut Worksheets("Sheet2").Range("A5")
End Sub
```

粘贴剪贴板中的数据

Cut方法和Copy方法中的参数被省略时，**单元格数据将被保存在剪贴板中**。再通过Worksheet对象的**Paste方法**粘贴这些被保存的数据，这与Excel中的"粘贴"功能相对应。

格 式 >> **Paste方法**

Worksheet对象.Paste([*Destination*] , [*Link*])

参数 | *Destination* ：指定目标位置。省略该参数后数据将被粘贴在当前选择范围内。
Link ：指定粘贴的数据是否与源数据相链接。为True时链接，省略或为False时不链接。

请大家注意以下两点，参数Destination与参数Link**不能同时设置**；通过Cut方法保存的数据用Paste方法**只能粘贴1次**。

142

样本　粘贴保存在剪贴板中的数据

`04-26-03.xlsm`

```
Sub 粘贴剪贴板中的数据()
    Range("A1:C3").Copy                    '将单元格区域内的数据保存到剪贴板中
    ActiveSheet.Paste Range("A5")          '粘贴到当前工作表的A5单元格中
    ActiveSheet.Paste Range("A9")          '粘贴到当前工作表的A9单元格中
    Application.CutCopyMode = False        '取消复制
End Sub
```

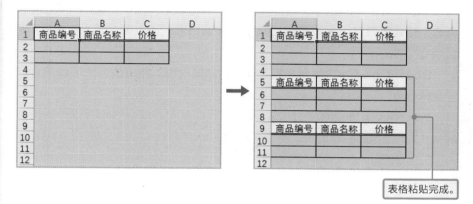

表格粘贴完成。

☑复制模式及如何取消

　　复制的数据保存在剪贴板期间，源数据周围出现点式线，这种状态为"复制模式"。处于"复制模式"下时，可以无限次使用Paste方法进行粘贴操作。

　　粘贴完后，在代码中**为CutCopyMode代入False值**，退出"复制模式"，如上例中第5行代码。

27

只粘贴值和列宽

扫码看视频

指定具体的粘贴内容

　　Copy方法复制的单元格数据，**保留了源单元格范围中设置好的字符串、公式、格式等内容**。无法满足"只复制计算结果，不复制公式""应用源表格列宽"等要求。

　　PasteSpecial方法用来**指定详细的粘贴内容**，使用该方法可以满足以上具体要求。

　　PasteSpecial方法将通过Copy方法将数据保存在剪贴板中，以参数指定的格式粘贴到Range对象指定的单元格内。

格 式 >> **PasteSpecial方法**

```
Range对象.PasteSpecial(
  [Paste], [Operation], [SkipBlanks], [Transpose]
)
```

参数
Paste	：	指定粘贴内容，省略该参数后将粘贴所有数据。
Operation	：	指定粘贴时的演算类型，省略该参数后不演算。
SkipBlanks	：	指定是否忽略空白单元格。
		True：忽略空白单元格。
		False或省略：粘贴空白单元格。
Transpose	：	指定是否替换行列。
		True：替换行列。
		False或省略：不替换行列。

◀ 笔记 ▶

　　PasteSpecial方法与Excel中的 [选择性粘贴] 相对应。

● 参数*Paste*的主要设定值

设定值	粘贴内容
xlPasteAll	全部数据
xlPasteAllExceptBorders	边框外的全部数据
xlPasteColumnWidths	列宽
xlPasteComments	注释
xlPasteFormats	格式
xlPasteFormulas	公式
xlPasteFormulasAndNumberFormats	公式与数值格式
xlPasteValidation	有效性验证
xlPasteValues	值
xlPasteValuesAndNumberFormats	值和数值的格式

● 参数*Operation*的设定值

设定值	演算方式
xlPasteSpecialOperationNone	不演算（已有值）
xlPasteSpecialOperationAdd	加法
xlPasteSpecialOperationSubtract	减法
xlPasteSpecialOperationMultiply	乘法
xlPasteSpecialOperationDivide	除法

样本 仅粘贴值

04-27-01.xlsm

```
Sub 仅粘贴值()
    '复制单元格范围并保存在剪贴板
    Range("A4:B4").Copy
    '仅粘贴值
    Range("E7").PasteSpecial xlPasteValues
    '退出复制模式
    Application.CutCopyMode = False
End Sub
```

在上例代码中，源单元格中的居中和边框线格式等内容被忽略，只粘贴单元格内的值。

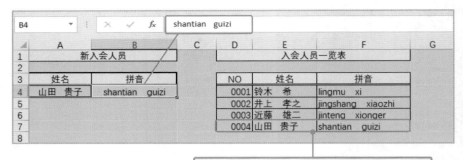

源单元格中的公式和格式等设置被忽略，仅复制值。

粘贴时保持原列宽

`04-27-02.xlsm`

```
Sub 复制表格与列宽()
    '复制单元格区域并保存到剪贴板
    Range("A1:C5").Copy
    Range("E1").PasteSpecial                          ——❶
    Range("E1").PasteSpecial xlPasteColumnWidths      ——❷
    Application.CutCopyMode = False      '退出复制模式
End Sub
```

❶ 全部粘贴到E1单元格。PasteSpecial方法中的所有参数被省略时，功能与Paste方法相同。

❷ 仅粘贴列宽到E1单元格。❶ 无法粘贴列宽，还需要通过在参数Paste中指定xlPasteColumn-Widths才能仅粘贴列宽。

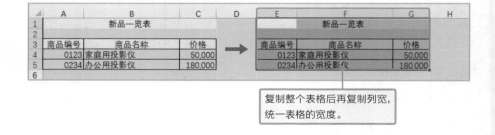

复制整个表格后再复制列宽，
统一表格的宽度。

Sample_Data/04-28/

28 插入单元格 / 行 / 列

扫码看视频

Insert方法

在工作表中插入单元格、行、列时，使用Range对象的**Insert方法**。执行Insert方法后，指定的单元格、行、列将被插入到相应位置。

格 式 》 **Insert方法**

Range对象.Insert([*Shift*], [*CopyOrigin*])

参数 | *Shift* ：指定插入单元格后原有单元格的移动方向（插入行和列时不需要）。
CopyOrigin ：指定使用目标单元格的相邻单元格的格式。

● 参数*Shift*的设定值

设定值	说明
xlShiftToRight	向右移动
xlShiftDown	向下移动
省略	根据单元格范围自动移动

● 参数*CopyOrigin*的设定值

设定值	说明
xlFormatFromLeftorAbove	复制左邻或上邻单元格的格式
xlFormatFromRightorBelow	复制右邻或下邻单元格的格式
省略	自动调整

使用参数*Shift*指定原单元格移动方向，以便在插入单元格时不破坏表格的布局。插入单元格后复制相邻单元格的格式，并通过参数*CopyOrigin*指定使用。

04-28-01.xlsm

```
Sub  插入单元格_行_列()
    '在A3:C3单元格区域内插入单元格（原有单元格向下移动）
    '插入的单元格套用下邻单元格格式
    Range("A3:C3").Insert Shift:=xlShiftDown, _
                          CopyOrigin:=xlFormatFromRightOrBelow
    Rows("2:3").Insert          '插入行
    Columns(4).Insert           '插入列
    Columns(4).ClearFormats     '删除插入列的原格式
End Sub
```

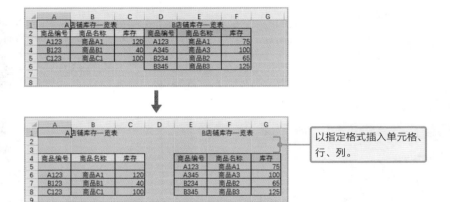

以指定格式插入单元格、行、列。

> 笔记
>
> 　　指定列时可以用代码Columns("D")代替Columns(4)。插入多列时可以使用拉丁字母，如Columns("D:E")来指定。

148

29

删除单元格 / 行 / 列

扫码看视频

Delete方法

删除单元格、行、列时，需要使用Range对象的**Delete方法**。通过Shift参数指定删除后单元格的移动方向，删除行或列时不需要设置参数。

格 式 》》 Delete方法

> Range对象.Delete([**Shift**])

参 数 | **Shift**：指定删除后单元格的移动方向。

● 参数**Shift**的设定值

设定值	说明
xlShiftToLeft	向左移动
xlShiftUp	向上移动
省略	根据单元格范围自动移动

样 本 **删除单元格、行、列**

`04-29-01.xlsm`

```
Sub  删除单元格_行_列()
    '删除单元格区域后下方单元格向上移动
    Range("A6:C6").Delete Shift:=xlShiftUp
    Rows(2).Delete            '删除行
    Columns("D:E").Delete     '删除列
End Sub
```

● 笔 记 ●

多次进行删除操作时，如果不事先删除下面的行或右面的列，有时会导致真正要删除的单元格或行的引用错误，大家一定要注意删除时的顺序。

第 **4** 章 单元格基本操作与实例

删除表格中库存为0的商品行

在某个范围内对符合条件的部分多次执行相同操作时，如"删除表格中库存为0的商品所在行"等，可以自动化该操作，从而提高工作效率。在VBA中编写好代码，只需要替换条件部分的代码，便可应用于不同情况。

下面介绍当库存为0时删除整行的操作。

```
Sub  删除表格内的行()
    Dim rng As Range, i As Long
    Set rng = Range("A3").CurrentRegion      '将整个表格代入变量rng
    '设表格的行数为初始值，2为最终值，变量i递减1同时进行重复操作
    For i = rng.Rows.Count To 2 Step -1    ●──❶
        '表格的第i行第3列（库存数）为0时
        If rng.Cells(i, 3).Value = 0 Then
            '删除表格的第i行，下方单元格向上移动
            rng.Rows(i).Delete Shift:=xlShiftUp
        End If
    Next
End Sub
```

❶若从上方单元格开始删除会导致表格中行的引用错误，因此需要从下方单元格处开始删除，设ForNext语句中的步长（Step）为-1。将最终值（To）设为2是因为表格的第一行（标题行）不属于操作对象。

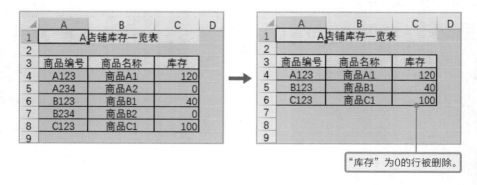

"库存"为0的行被删除。

30 删除单元格中的内容

扫码看视频

指定删除对象

删除单元格中的内容，如删除 "输入的数据" "设置好的格式" 等时，需要用Range对象的**Clear方法**。该方法还可以根据删除的内容不同区别使用。

● 带删除功能的方法

方法名	说明
Clear方法	删除字符串、数值、公式和格式等单元格内的全部数据
ClearContents方法	仅删除字符串、数值和公式（仅限使用 Delete 键可删除的内容）
ClearFormats方法	删除单元格的格式
ClearComment方法	删除单元格的注释

格 式 》》 **删除方法**

```
Range对象.Clear
Range对象.ClearContents
Range对象.ClearFormats
```

样 本 **删除单元格中的内容**   04-30-01.xlsm

```
Sub  删除单元格内容()
    Range("A1").ClearFormats      '删除格式
    Range("A3:C4").ClearContents  '仅删除值
    Range("D2:D4").Clear          '删除值和格式
End Sub
```

	A	B	C	D	E
1	调价商品				
2	商品编号	商品名称	价格	新价格	
3	0456	书桌A	15,000	12,000	
4	0789	书桌B	20,000	16,000	
5					

→

	A	B	C	D	E
1	调价商品				
2	商品编号	商品名称	价格		
3					
4					
5					

删除表格内全部数据，仅保留标题

保留表格的标题和边框线等结构，删除其他全部数据时，先获得标题行外的所有数据范围，再使用ClearContents方法删除。

我们可以通过前面学习过的**CurrentRegion属性**（**p.119**）、**Offset属性**（**p.117**）和**Resize属性**（**p.120**）获得删除的单元格区域。

| 样 本 | 仅保留标题，删除全部数据 | 04-30-02.xlsm |

```
Sub   删除表格中的数据()
    Dim rng As Range, rCnt As Long
    '将整个表格的单元格区域代入变量rng
    Set rng = Range("A2").CurrentRegion
    rCnt = rng.Rows.Count        '将表格的行数代入变量rCnt
    '表格整体向下移动1行，设单元格区域为表格行数-1，删除其中的值
    rng.Offset(1).Resize(rCnt - 1).ClearContents
    Set rng = Nothing
End Sub
```

保留表格框架，仅删除数据部分。

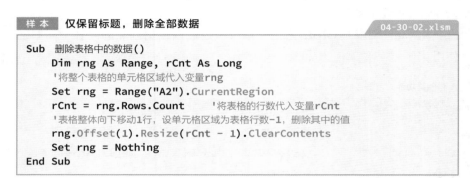

打开对话框

使用MsgBox函数打开对话框

运行宏命令过程中需要创建并**打开对话框**时，要使用**MsgBox函数**。该函数不仅可以显示信息，还可以**通过为对话框中的按钮设置一些实用性高的操作，完成不同的处理要求**。

格式 》 MsgBox函数

```
MsgBox(
    Prompt, [ Buttons ] , [ Title ] , [ Helpfile ] , [ Context ]
)
```

参数 | *Prompt* ：指定消息框中的文字。
| *Buttons* ：指定按钮的种类、图标、默认按钮（参考下方Memo）。
| *Title* ：指定对话框中标题栏中的标题。
| *Helpfile* ：指定帮助文件。
| *Context* ：指定与显示的帮助内容相对应的帮助主题的上下文编号。

在MsgBox函数的参数中指定文本信息、按钮和图标，创建并打开对话框。在该对话框中，**单击不同按钮返回不同的值，可以利用返回值编写条件判断代码**，这也是MsgBox函数的一大特征。将在**p.157**中详细介绍如何设置不同的操作。

> **笔记**
> 默认按钮是指提前处于选择状态的按钮，直接按下 [Enter] 键就相当于单击该按钮，省略了选择按钮的步骤。

● 参数*Buttons*的设定值（按钮种类）

设定值	内容
vbOkOnly	[确定]按钮
vbOkCancel	[确定] [取消]按钮
vbAbortRetryIgnore	[终止] [重试] [忽略]按钮
vbYesNoCancel	[是] [否] [取消]按钮
vbYesNo	[是] [否]按钮
vbRetryCancel	[重试] [取消]按钮

● 参数*Buttons*的设定值（图标种类）

设定值	内容	图标
vbCritical	错误	
vbQuestion	询问	
vbExclamation	警告	
vbInformation	通知	

● 默认按钮的设定值

设定值	内容
vbDefaultButton1	第1个按钮为默认按钮
vbDefaultButton2	第2个按钮为默认按钮
vbDefaultButton3	第3个按钮为默认按钮

● 单击按钮后的返回值

按钮种类	返回值	值
确定	vbOk	1
取消	vbCancel	2
终止	vbAbort	3
重试	vbRetry	4
忽略	vbIgnore	5
是	vbYes	6
否	vbNo	7

　　对话框的主要构成要素有 **"文本信息""图标""标题""按钮"** 4部分。我们根据以下示例的代码，查看各要素对应的参数。

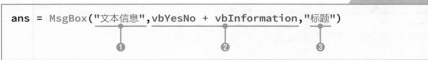

样 本 指定按钮与图标并显示信息 ····· `04-31-01.xlsm`

```
ans = MsgBox("文本信息",vbYesNo + vbInformation,"标题")
              ❶              ❷              ❸
```

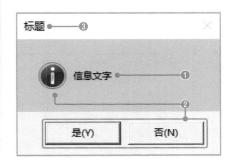

❶ 参数 *Prompt*
❷ 参数 *Buttons*
❸ 参数 *Title*

提示

单击[是]按钮，变量ans中代入vbYes，单击[否]按钮，变量ans中代入vbNo。

只显示信息

在MsgBox函数中，第1参数Prompt用来指定"显示的字符串"。只指定该参数时，对话框非常简单，只显示文本信息和［确定］按钮。

只显示信息时，参数不需要用"（）"括号。

样 本 创建只有[确定]按钮的对话框 ····· `04-31-02.xlsm`

```
Sub  创建对话框()
    'A4单元格或B4单元格为空时的操作
    If Range("A4").Value = "" Or Range("B4").Value = "" Then
        MsgBox "有空白单元格"
    'A4、B4单元格都有值时的操作
    Else
        '将单元格中输入的值显示在对话框中
        MsgBox "输入内容" & vbCrLf & Range("A4").Value _
                        & vbCrLf & Range("B4").Value      ❶
    End If
End Sub
```

❶指定vbCrlf后，会在该处换行。详细内容请参照下一页中的"实用的专业技巧！"。

A4或B4单元格为空时，对话框如左图所示。

A4、B4单元格都不为空时，对话框如左图所示，显示单元格内的值。

实用的专业技巧! 控制符

要将对话框中显示的字符串分为几行时，在需要换行的地方加入表示换行意义的"控制符"。上例中使用的是vbCrLf，除此之外，Chr函数也可以表示换行。

在下表中，为大家总结了一些与常用控制符意义对应的Chr函数。使用vbLf、vbCr、vbCrLf和Chr函数中的任何一个，都可以完成MsgBox函数中文本信息的换行操作。

● 常用控制符

控制符	内容	Chr函数
vbTab	Tab空格	Chr(9)
vbLf	换行	Chr(10)
vbCr	Enter	Chr(13)
vbCrLf	Enter+换行	Chr(10)+Chr(13)

扫码看视频

32 通过单击对话框中的按钮执行不同的操作

单击按钮执行不同操作

在MsgBox函数中，**单击不同按钮返回不同的值**。例如，单击［是］按钮返回vbYes值，单击［否］按钮返回vbNo值。利用这些返回值，可以执行不同的操作。

下面在p.152示例"删除表格中的数据"的过程中添加一行代码，内容为单击［是］按钮后删除数据。

样 本　根据单击的按钮执行相应操作　　　　　　04-32-01.xlsm

```
Sub  在对话框确认后删除表格中的数据()
    Dim rng As Range, rCnt As Long, ans As Integer      ①
    ans = MsgBox("删除数据", _
                    vbYesNo + vbExclamation, "确认删除")
    If ans = vbYes Then  '单击[是]按钮时，删除数据
        Set rng = Range("A2").CurrentRegion
        rCnt = rng.Rows.Count
        rng.Offset(1).Resize(rCnt - 1).ClearContents
        Set rng = Nothing
    End If
End Sub
```

① 在MsgBox函数中，单击"是"按钮返回数值6，单击"否"按钮返回数值7。因此，保存返回值的变量ans应声明为Integer型。

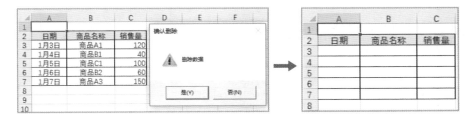

33 创建带输入框的对话框

扫码看视频

用InputBox函数创建带输入框的对话框

使用InputBox函数，可以创建"**含输入框的对话框**"。画面中显示[**确定**]**按钮**和[**取消**]**按钮**，单击[**确定**]**按钮**返回"输入的字符串"。单击[**取消**]**按钮**返回长度为0的字符串""。将返回值代入变量后，可用于过程的操作。

格 式 》 InputBox函数

```
InputBox(
    Prompt,［Title］,［Default］,［Xpos］,［Ypos］,［Helpfile］,［Context］
)
```

参 数　*Prompt*：指定文本信息。
Title　：指定对话框中标题栏中的标题。
Default：指定输入框中的缺省字符串。
Xpos　：屏幕左端到对话框左端的水平距离。
Ypos　：屏幕顶端到对话框顶端的垂直距离。

※关于参数*Helpfile*和*Context*，请参照**p.153**。

· 笔 记 ·

如上所述，InputBox函数自带多个参数，实际运用中常用的有*Prompt*、*Title*、*Default*这3个参数。大家注意，只要没有特殊要求，使用InputBox函数时指定这3个参数即可。

样 本　创建有输入框的对话框　　　　　　　　　　04-33-01.xlsm

```
Sub 创建输入框1()
    Dim strData As String
    '创建对话框，将输入的值代入变量strData
    strData = InputBox("请输入姓名", "新注册")
    '将变量strData的值输入到单元格A4中
    Range("A4").Value = strData
End Sub
```

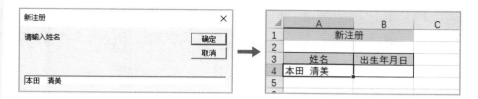

检查输入的值

使用InputBox函数可以输入字符串、数值和日期等多种类型的值，在实际工作中如果添加一个检查"**输入的值是否恰当**"的功能，会更加实用。下面将介绍使用IsDate函数（请参照下页Column）判断"**输入的值是否是日期**"的代码示例。

样 本　检查输入的值，以执行不同操作　　　　　　　　　　04-33-02.xlsm

```
Sub 创建输入框2()
    Dim strBirth As String
    '将用户输入的值代入变量strBirth
    strBirth = InputBox("请输入出生年月日", "新注册")
    If IsDate(strBirth) Then
        Range("B4").Value = strBirth
    Else
        MsgBox "请输入日期"
    End If
End Sub
```

> 使用IsDate函数检查变量的值是否是日期，以进行后续不同操作。

● 输入日期时

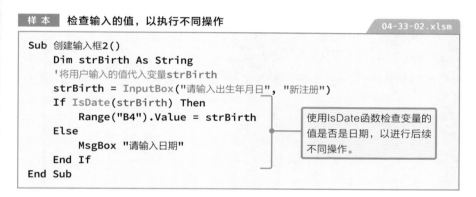

● 输入日期之外的内容时

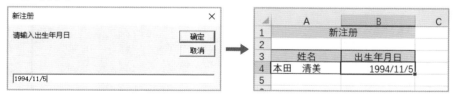

单击［取消］或［关闭］按钮，返回值为""（长度为0的字符串）。该值不是日期，此时也会显示"请输入日期"的提示对话框。

用于检查数据类型的主要函数

前页示例中使用的IsDate函数是用来"**检查指定的值是否是日期**"的函数。VBA自带很多函数用来调整用户输入的值或通过变量获得值的数据类型。

● **用于检查数据类型的主要函数**

函数名	判断内容
IsNumeric函数	数值返回True，非数值返回False
IsDate函数	日期返回True，非日期返回False
IsArray函数	数组返回True，非数组返回False
IsNull函数	Null值返回True，非Null值返回False
IsEmpty函数	Empty值返回True，非Empty值返回False

34 指定对话框中输入数据的类型

扫码看视频

通过InputBox方法指定数据类型

Application对象的**InputBox方法**和InputBox函数（**p.158**）一样都可以创建"**含输入框的对话框**"。虽然类似，但InputBox方法和InputBox函数有以下不同点。

- 可以指定输入的数据类型。
- 单击［取消］或［关闭］按钮后返回False（InputBox函数的返回值是""，长度为0的字符串）。

格式 》 **InputBox方法**

```
Application对象.InputBox(
    Prompt, [ Title ], [ Default ], [ Left ], [ Top ], [ Helpfile ],
    [ HelpContextID ], [ Type ]
)
```

参数

Prompt：指定文本信息。
Title ：指定对话框中标题栏的标题。
Default：指定输入框中的缺省字符串。
Left ：屏幕左端到对话框左端的水平距离。
Top ：屏幕顶端到对话框顶端的垂直距离。
Type ：使用数值指定可输入的数据类型（参考下页）。

※关于参数Helpfile，请参考p.153。参数HelpContextID一般无须指定，所以本书中省略说明。详细内容可参看VBA的帮助信息。

笔记

在参数Type中，可以通过组合数值的形式指定多个数据类型。例如，指定为1+2（或3）时，可输入数值和字符串。

● 参数*Type*的设定值

设定值	内容
0	公式
1	数值
2	字符串
4	逻辑值（True/False）
8	单元格引用（Range对象）
16	#N/A等错误值
64	值的数组

样本 创建含数值专用输入框的对话框　　　　　　　04-34-01.xlsm

```
Sub 创建用于输入指定数据的对话框()
    '声明变量myTarget为Variant型
    Dim myTarget As Variant ●——❶
    '指定数据类型（参数Type）为1（数值）
    myTarget = Application.InputBox( _
                        Prompt:="请输入目标数", _
                        Title:="目标设定", _
                        Type:=1)
    'InputBox方法的返回值（变量myTarget的内容）是
    '逻辑值（Boolean）之外的值时，为B3单元格设置输入值
    If TypeName(myTarget) <> "Boolean" Then ●——❷
        Range("B3").Value = myTarget
    End If
End Sub
```

　　单击［确定］按钮，**变量myTarget**中将被代入参数Type指定的类型的数据；单击［取消］或［关闭］按钮，将被代入Boolean型值False。**变量myTarget**的数据类型被声明为Variant型以便可以代入各种类型的数据❶。

　　上述代码中出现的**TypeName函数**用来**查询参数指定数据的数据类型**（**p.59**）。示例中，不单击［确定］按钮的情况下返回False，通过TypeName函数查询变量myTarget的数据类型，只有当值不是"Boolean"时，才在B3单元格中输入变量myTarget的值❷。

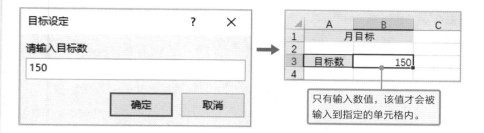

只有输入数值，该值才会被输入到指定的单元格内。

专栏

TypeName函数

TypeName函数用来查询参数指定的对象和变量的类型。该函数的返回值是一组表示数据类型的字符串。例如，如果参数指定的数据是Boolean型则返回字符串"Boolean"，是Integer型则返回字符串"Integer"。如果指定的是对象，以字符串形式返回对象的种类，如果是Worksheet对象时则返回"Worksheet"。

用户指定单元格区域

如果用户希望在对话框中指定"单元格区域"时，可以设置InputBox方法的参数Type为8。这样可以在输入框中指定单元格区域，返回值是"Range对象"。

下面介绍让用户指定单元格区域，并用指定的单元格区域制作表格的代码示例。此示例中有多个注意点，将一同进行说明。

```
Sub 用指定单元格范围制作表格()
    Dim rng As Range

    '发生错误时，移动到代码后部分的"errHandler:"行
    On Error GoTo errHandler    ●━━━❶

     '变量rng中保存InputBox方法的返回值（Range对象）
    Set rng = Application.InputBox( _
        Prompt:="拖动鼠标选择表格的范围", _
        Title:="制作表格", _
        Type:=8)    '指定数据类型为"8"（单元格范围）

    rng.Borders.LineStyle = xlContinuous              '设置边框线
    rng.Rows(1).Interior.Color = rgbLightGreen    '设置淡蓝色
    Set rng = Nothing
    Exit Sub    '操作正常完成时程序到此为止

'发生错误时，执行以下操作（详情参考p.342）
errHandler:
    MsgBox Err.Description
End Sub
```

❶ 如果在对话框中单击［取消］键或［关闭］按钮将返回False，导致出现错误。这时需要事先编写好错误处理代码。

❶ 拖动鼠标，指定单元格区域。

❷ 单击［确定］按钮。

❸ 指定的单元格区域被制作为表格并应用格式。

查找与替换

Sample_Data/04-35/

35 查找值

扫码看视频

使用Find方法查找

在单元格区域内查找含指定值的单元格时，使用Range对象的**Find方法**。使用该方法可以**获得在查找范围内查找到符合条件的第一个单元格**。

Find方法自带多个参数，除*What*（查找的值）外均可省略。也有一些使用频度较低的参数，我们只用目标操作要求的必用参数即可，不用一次记住全部内容。本书将为大家介绍一些主要参数。

格 式 ≫ **Find方法**

```
Range对象.Find(
  What, [ After ], [ LookIn ], [ LookAt ], [ MatchCase ]
)
```

参数 |
| *What* | ：指定查找内容。
| *After* | ：从指定单元格的下一单元格开始查找。省略该参数后，将从指定查找范围的左上角单元格之后开始查找。
| *LookIn* | ：指定查找对象（参照下表）。
| *LookAt* | ：指定查找方法（参照下表）。
| *MatchCase* | ：区别大小时指定为True。默认值为False（不区分大小写）。

● 参数*LookIn*的指定值

指定值	查找对象
xlValues	值
xlFormulas	公式
xlComments	注释

● 参数*LookAt*的指定值

指定值	查找对象
xlWhole	完全一致
xlPart	部分一致

※省略参数*LookIn*和参数*LookAt*中的设置后，自动适用Excel[查找]对话框中的设置。

Find方法，从指定的Range对象中查找参数What指定的值，并将查找到的单元格以Range对象的形式返回。未查找到对应内容时，返回**Nothing**。

下面是查找数据并显示结果的示例。我们可以同时参照下页中的工作表，学习代码。

样 本 　查找数据并显示最先找到的值　　　　　　　　　04-35-01.xlsm

```
Sub 查找数据()
    Dim fndRng As Range, srcRng As Range

    '删除E4:G4单元格区域中的查找结果
    Range("E4:G4").ClearContents

    '将含A3单元格的表格中的第3列（"会员级别"）代入变量srcRng
    Set srcRng = Range("A3").CurrentRegion.Columns(3)

    '查找与F1单元格的值完全一致的值
    '在变量srcRng范围内查找，将查找到的第一个单元格代入变量fndRng
    Set fndRng = srcRng.Find(What:=Range("F1").Value, _
                             LookAt:=xlWhole)

    '查找到相同值时(fndRng不为Nothing时)
    If Not fndRng Is Nothing Then
        '将查找到的单元格和其左侧2个单元格的值写入E4:G4单元格区域内
        Cells(4, "E").Value = fndRng.Offset(, -2).Value
        Cells(4, "F").Value = fndRng.Offset(, -1).Value
        Cells(4, "G").Value = fndRng.Value

    '查找不到相同值时(fndRng为Nothing时)
    Else
        MsgBox "无此级别"
    End If

    '取消对单元格的引用
    Set fndRng = Nothing
    Set srcRng = Nothing
End Sub
```

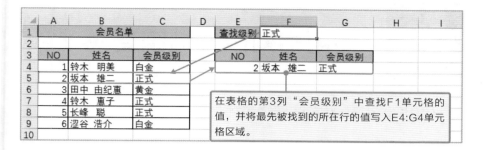

在表格的第3列"会员级别"中查找F1单元格的值，并将最先被找到的所在行的值写入E4:G4单元格区域。

Find方法在每次执行时，自动保存参数*LookIn*和参数*LookAt*的设置，并显示在［查找］对话框中。**省略这两个参数后，将会查找已被保存在［查找］对话框中的设定的值。**当需要详细指定查找方法时，请注意不要省略这些参数。

> **笔 记**
>
> 在Find参数中还可以指定*SearchOrder*、*SearchDirection*、*MatchByte*和*SearchFormat*等参数，因为不常用到，所以本书中不做介绍。详细内容大家请参看VBA的帮助信息。
>
> **URL** https://docs.microsoft.com/ja-jp/office/vba/api/excel.range.find

> **实用的专业技巧！** **判定对象是否为Nothing的固定语句**
> ·
>
> 将Range对象等对象代入变量执行操作时，如果变量中没有被代入任何内容，意味着变量的值为**Nothing**。变量为Nothing时操作无法继续，这时如前页示例中所示，使用If语句编写"If Not rngIs Nothing Then"代码。这样就构成了"对象变量rng不为Nothing时"，也就是"**如果对象变量中被代入值，则继续下面的操作**"的条件。这行代码是使用对象变量时的固定语句，会经常使用，请大家务必要学会使用。

36 使用相同条件继续查找

扫码看视频

使用FindNext方法继续查找

前面介绍的Find方法（**p.165**）只能返回最先找到的值。当**需要继续查找相同条件的单元格**时，需要使用**FindNext方法**。

FindNext方法**查找的内容与Find方法相同**，查找到的单元格以Range对象形式返回。

格 式 ≫ **FindNext方法**

> Range对象.FindNext([*After*])

参数 | *After*：指定查找范围。从指定单元格的下一单元格开始查找，最后检查指定的单元格。省略该参数后，自动以查找范围的左上角单元格为指定单元格。

在前面介绍的Find方法的示例（**p.166**）中添加代码，继续查找操作。该代码的关键在于，**通过Address属性获得Find方法查找到的第一个单元格地址并保存，重复查找直至返回该单元格**，以此来判断是否"**终止查找**"。

样 本 继续查找同条件的内容 `04-36-01.xlsm`

```
Sub 继续查找()
    Dim fndRng As Range, srcRng As Range
    '在变量fAddress中保存Find方法查找到的第一个单元格地址
    Dim fAddress As String, r As Long
    '以下代码的处理内容请参考p.182
    Range("E4:G" & Rows.Count).ClearContents
    Set srcRng = Range("A3").CurrentRegion.Columns(3)
    Set fndRng = srcRng.Find(What:=Range("F1").Value, _
                             LookAt:=xlWhole)

    If Not fndRng Is Nothing Then
        '保存Find方法查找到的第一个单元格地址
        fAddress = fndRng.Address
        r = 4    '代入写入查找结果的第一个行数（第4行）
```

```
      Do    '关于Do Until语句，请参考p.100
          Cells(r, "E").Value = fndRng.Offset(, -2).Value
          Cells(r, "F").Value = fndRng.Offset(, -1).Value
          Cells(r, "G").Value = fndRng.Value

          '查找到目标后继续查找同条件内容
          '将查找到的单元格代入变量fndRng
          Set fndRng = srcRng.FindNext(after:=fndRng)
          r = r + 1
      '重复查找直到变量fndRng中的单元格地址与fAddress中的内容相同
      Loop Until fndRng.Address = fAddress

  Else
      MsgBox "无此级别"
  End If

  Set srcRng = Nothing
  Set fndRng = Nothing
End Sub
```

	A	B	C	D	E	F	G	H	I
1		会员名单			查找级别	正式			
2									
3	NO	姓名	会员级别		NO	姓名	会员级别		
4	1	铃木 明美	白金		2	坂本 雄二	正式		
5	2	坂本 雄二	正式		4	铃木 惠子	正式		
6	3	田中 由纪惠	黄金		5	长峰 聪	正式		
7	4	铃木 惠子	正式						
8	5	长峰 聪	正式						
9	6	涩谷 浩介	白金						
10									

在表格的第3列"会员级别"中查找单元格F1的值，查找到的值按顺序写入E4:G4单元格区域中。

37 替换其他值

使用Replace方法替换值

Replace方法可以**将指定的值替换为其他值**。删除多余空间，一次性修改姓名，整理数据和统一表述时非常实用。

Replace方法以指定的Range对象（单元格区域）为对象，将参数What指定的值替换为参数Replacement指定的值，其他参数用来设置详细的替换规则。

格 式 ▶▶ **Replace方法**

```
Range对象.Replace(
    What, Replacement, [ LookAt ], [ MatchCase ], [ MatchByte ]
)
```

参 数 | *What*　　　　 ：指定查找的字符串。
Replacement ：指定替换的字符串。
LookAt　　　 ：指定查找方法（p.165）。
MatchCase　 ：区别大小时指定为True。默认值为False（不区分大小写）。
MatchByte　 ：区别半角・全角时指定为True。默认值为False（不区分半角・
　　　　　　　全角）。

─ 笔 记 ▶

在Replace参数中还可以指定*SearchOrder*、*SearchFormat*和*ReplaceFormat*等参数，因为不经常使用，所以本书中不做介绍。详细内容请参看VBA的帮助信息。

URL https://docs.microsoft.com/ja-jp/office/vba/api/excel.range.replace

以下示例中，将含A1单元格的表格中的第3列单元格中的字符串"办事处"以部分一致的形式替换为"分公司"。

样本　将原字符串替换为其他字符串　　　　　　　　　04-37-01.xlsm

```
Sub 替换字符串()
    Range("A1").CurrentRegion.Columns(3).Replace _
        What:="办事处", Replacement:="分公司", LookAt:=xlPart
End Sub
```

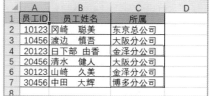

删除单元格内的空格和换行

使用Replace方法可以**删除单元格内的空格或换行等**。以下示例中，删除了半角·全角空格。

样本　删除空格　　　　　　　　　　　　　　　　04-37-02.xlsm

```
Sub 删除空格()
    Range("A2:A4").Replace What:=" ", Replacement:="", _
                            LookAt:=xlPart, MatchByte:=False
End Sub
```

通过用""（长度为0的字符）替换A2:A4单元格区域中的半角/全角空格，删除空格。该代码的重点在于，需要在参数*MatchByte*中设置False，将半角·全角都列入目标。

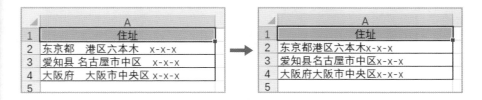

在以下代码中，使用Chr函数（**p.156**）查找单元格内的换行位置，并用字符串:替换（如果将替换字符设置为""，只执行删除换行的操作）。以下示例中使用**Chr函数**查找控制符，是非常方便的。

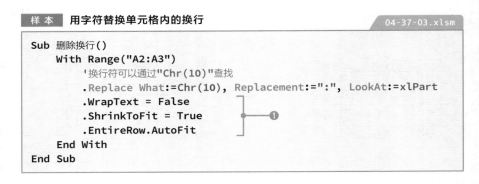

样本　用字符替换单元格内的换行　　　　　　　　　　04-37-03.xlsm

```
Sub 删除换行()
    With Range("A2:A3")
        '换行符可以通过"Chr(10)"查找
        .Replace What:=Chr(10), Replacement:=":", LookAt:=xlPart
        .WrapText = False
        .ShrinkToFit = True                    ❶
        .EntireRow.AutoFit
    End With
End Sub
```

上述代码中，除了设置Replace方法外，还取消（False）了单元格内用来显示全部内容的换行设置（WrapText），增加了缩小字号以显示全部内容（True）（ShrinkToFit）和自动调整（AutoFit）行高（EntireRow）的设置❶。

第 **5** 章

工作表和工作簿基本操作与实例

本章将学习如何通过VBA对Excel工作表和工作簿执行操作。Excel中的数据多以工作表或工作簿为单位进行管理，学会与它们相关的操作方法，可以更自由地处理Excel中的数据。

01 工作表的引用

在Excel中主要对**工作表**进行操作，VBA中视工作表为**Worksheet对象**。本节将介绍引用工作表时常用的主要的基本属性。

Activesheet属性与Worksheets属性

Workbook对象中的**Activesheet属性**用于引用当前工作表（活动工作表）。**Worksheets属性**用来引用参数指定的工作表。

格 式 ≫ Activesheet属性

```
Workbook对象.Activesheet
```

格 式 ≫ Worksheets属性

```
Workbook对象.Worksheets( [ Index ] )
```

参数 ｜ *Index*：指定引用工作表（指定方法参见下表）。省略该参数后，引用工作簿内代表全体工作表的工作表集合。

● **工作表指定示例**

示例	引用工作表
Worksheets("Sheet1")	工作表 [Sheet1]
Worksheets(2)	左起第2个工作表
Worsheets(Array(1,3))	左起第1个和第3个工作表

 笔记

　　参数Index中出现数值时，代表从左开始的序数。此时需要注意，这种情况下对工作表进行移动·删除操作时，引用的工作表会发生变化。

Activate方法与Select方法

Activate方法与Select方法两者都表示选择指定的工作表并激活。Select方法通过设置参数Replace可以同时选择多个工作表。

格式 ≫ **Activate方法**

Worksheet对象.Activate

格式 ≫ **Select方法**

Worksheet对象.Select([*Replace*])

参数 | *Replace* ：通过True/False指定是否取消已选定的工作表。

样本 **选择・引用工作表**

`05-01-01.xlsm`

```
Sub 选择与引用工作表()
    '选择第1个工作表
    Worksheets(1).Select
    '保持对第1个工作表的选择，同时选择第3个工作表
    Worksheets(3).Select Replace:=False
    MsgBox ActiveSheet.Name    '打开消息框窗口
    '激活第2个工作表
    Worksheets("Sheet2").Activate
End Sub
```

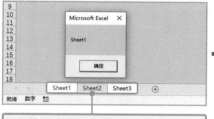

选择第1与第3张工作表，并显示当前工作表的名称。

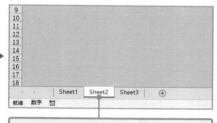

关闭对话框后，Sheet2被选定并激活为当前工作表。

第5章 工作表和工作簿基本操作与实例

Sheets属性与Charts属性

　　Sheets属性可以引用**工作簿内所有类型的工作表**。可用于需要同时对工作簿内的数据工作表和图表工作表进行操作。

　　图表工作表是指图表专用的工作表。选择制作图表的单元格区域，按F11功能键，插入图表工作表，新工作表中创建图表。或者，选择在数据工作表中制作好的嵌入式图表，通过［图表设计］中的［移动图表］功能指定放置图表的新工作表，也可以添加图表工作表。

　　Charts属性可以引用**工作簿内的图表工作表**。

　　此时，选用Count属性（获得指定元素的数量），获得Sheets集合和Worksheets集合、Charts集合中的元素数量。

样本	引用各种工作表	05-01-02.xlsm

```
Sub 引用工作表()
    MsgBox "所有工作表数：" & Sheets.Count & Chr(10) & _
           "所有数据工作表数：" & Worksheets.Count & Chr(10) & _
           "所有图表工作表数：" & Charts.Count & Chr(10) & _
           "当前工作表名称：" & ActiveSheet.Name
End Sub
```

※指定"Chr（10）"后，在该处换行（**p.156**）。

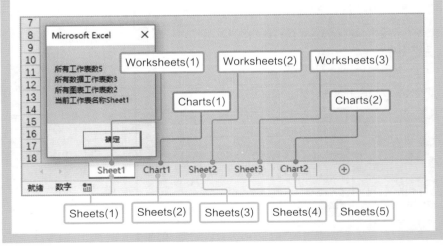

选择其他工作表中的单元格

扫码看视频

切换工作表后如何选择单元格

VBA中需要为位于其他工作表中的**单元格输入值**时，使用以下代码无须激活目标工作表，即可直接指定工作表和单元格。

样 本	**为其他工作表中的单元格输入值**

05-02-01.xlsm

```
Sub 为位于其他工作表中的单元格输入值()
    Worksheets(2).Range("A1").Value = 1
End Sub
```

选择位于其他工作表中的**单元格**时，需要先选择目标工作，表使其成为当前工作表后再选择单元格。在不激活目标工作表的状态下执行以下代码，会导致运行错误。

样 本	**选择其他工作表中的单元格**

05-02-02.xlsm

```
Sub 选择位于其他工作表中的单元格1()
    Worksheets("Sheet2").Range("B2").Select
End Sub
```

Microsoft Visual Basic

运行时错误 '1004'：

类 Range 的 Select 方法无效

| 继续(C) | 结束(E) | 调试(D) | 帮助(H) |

以下示例中，先选择工作表Sheet2，再选择已激活工作表中的B2单元格，这样运行代码就不会出现错误。

```
Sub 选择位于其他工作表中的单元格2()
    Worksheets("Sheet2").Select
    Range("B2").Select
End Sub
```

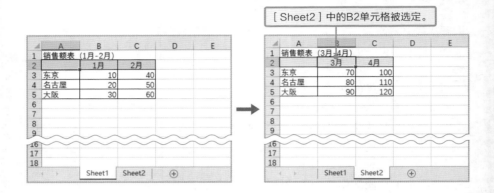

［Sheet2］中的B2单元格被选定。

跳转至其他工作表

使用Application对象中的**Goto方法**后，不需要"先选择工作表，再选择单元格"，只需要一行代码就可以切换到其他工作表的单元格位置。

格 式 》Goto方法

Application对象.Goto(［*Reference*］,［*Scroll*］)

参数	*Reference*	：选择此处指定的单元格或单元格区域。指定的单元格位于其他工作簿或其他工作表中时，激活该工作簿和工作表。
	Scroll	：通过True/False指定是否显示选择的单元格。省略该参数后，默认为False（不显示）。

```
Sub 跳转至其他工作表()
    Application.Goto _
    Reference:=Worksheets("Sheet2").Range("B2"), Scroll:=True
End Sub
```

03 工作表的添加与删除

扫码看视频

添加工作表

当需要添加工作表时，使用Worksheets集合的Add方法。在参数指定的位置添加参数指定数量的工作表，同时激活工作表，返回一个Worksheet对象。**省略参数时，添加在当前工作表前。**

格式 ≫ Add方法

Worksheets集合.Add([*Before*] , [*After*] , [*Count*])

参数
Before ：添加在指定工作表前。
After ：添加在指定工作表后。
Count ：添加工作表的个数（省略时添加1个）。

※参数*Before*与参数*After*不能同时指定。

样本   添加工作表   05-03-01.xlsm

```
Sub 添加工作表()
    '在当前工作表前添加1个新工作表
    Worksheets.Add
    '设置当前工作表的名称（激活添加的工作表）
    ActiveSheet.Name = "报告"
End Sub
```

使用Worksheet对象的Name属性设置工作表名称。

如果要对返回的Worksheet对象进行操作，将参数用()括起来。

179

```
Sub 在指定位置添加工作表()
    '在首个工作表前添加新工作表并命名
    Worksheets.Add(Before:=Worksheets(1)).Name="期首"
    '在末尾工作表后添加新工作表并命名
    Worksheets.Add(After:=Worksheets(Worksheets.Count)).Name="期末"
End Sub
```

15	
16	
17	
18	

期首　Sheet1　期末　　⊕

> **笔 记**
>
> 在上述示例中，指定末尾工作表时，先用Worksheets.Count查询工作表个数，再将其返回值（工作表个数）指定在参数中（Worksheets(Worksheets.Count)）。

删除工作表

删除工作表时，需要使用Worksheet对象的**Delete方法**。

```
Sub 删除工作表()
    Worksheets("期首").Delete
End Sub
```

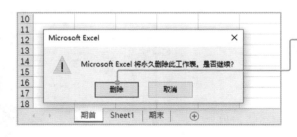

运行删除工作表的程序后，自动弹出提示对话框。单击［删除］按钮后删除工作表。

　　在以上示例中，执行Delete方法时，自动弹出提示对话框，在单击［删除］按钮前操作处于中断状态。

　　如果不需要确认直接删除时，可以使用Application对象的**DisplayAlerts**

属性，即可关闭Excel的自动确认提示功能（删除操作后，重新设回True可打开自动确认提示）。

```
Sub 关闭确认提示删除工作表()
    Application.DisplayAlerts = False    '设置关闭确认提示
    Worksheets("期首").Delete
    Application.DisplayAlerts = True     '设置打开确认提示
End Sub
```

对不存在的工作表执行删除操作时，会提示运行错误。 下面介绍如何编写处理错误的代码以应对运行错误。

```
Sub 删除工作表()
    Dim ws As Worksheet
    On Error Resume Next              '设置为发生错误时不中断运行
    Set ws = Worksheets("期首")       '将工作表代入变量ws
    On Error GoTo 0                   '恢复设置为发生错误时中断运行
    If ws Is Nothing Then Exit Sub   '无［期首］工作表后停止操作

    Application.DisplayAlerts = False
    ws.Delete
    Application.DisplayAlerts = True
    Set ws = Nothing
End Sub
```

※发生运行错误时的详细操作请参考p.56。

第 5 章　工作表和工作簿基本操作与实例

181

04 工作表的移动与复制

扫码看视频

移动工作表

移动工作表时，使用Worksheet对象的**Move方法**。省略参数时，移动到新建工作簿中。

格式 ▶▶ Move方法

Worksheet对象.Move([*Before*] , [*After*])

参数 | *Before* ：移动到指定工作表前。
After ：移动到指定工作表后。
※参数*Before*与参数*After*不能同时指定。

样 本 **在工作簿内部移动工作表** 05-04-01.xlsm

```
Sub 移动工作表()
    '将[年中]工作表移动到末尾工作表之后
    Worksheets("年中").Move After:=Worksheets(Worksheets.Count)
    '将[目录]工作表移动到首个工作表之前
    Worksheets("目录").Move Before:=Worksheets(1)
End Sub
```

将工作表移动到其他工作簿中

移动工作表到其他工作簿中时，需要在参数中指定工作簿名称与工作表名称，而且**移动前需要打开目标工作簿**（工作簿打开方法请参照p.188），还需要确认源工作簿处于激活状态。

将工作表移动到"1月统计.xlsx"工作簿中　　05-04-02.xlsm

```
Sub 将工作表移动到其他工作簿中()
    Worksheets("新宿1月").Move _
        After:=Workbooks("1月统计.xlsx").Worksheets(1)
End Sub
```

※先打开移动目标工作簿"1月统计.xlsx"。

复制工作表

复制工作表时，使用Worksheet对象的**Copy方法**。省略参数后，复制到新建工作簿中。

格 式 >> **Copy方法**

Worksheet对象.Copy([*Before*] , [*After*])

参 数 | *Before* ：复制到指定工作表前。
After ：复制到指定工作表后。
※参数*Before*与参数*After*不能同时指定。

样 本 **复制工作簿内部工作表**　　05-04-03.xlsm

```
Sub 复制工作表()
    Worksheets("元表").Copy Before:=Worksheets("元表")
End Sub
```

样 本 **复制工作表到"1月统计.xlsx"工作簿内**　　05-04-04.xlsm

```
Sub 复制工作表到其他工作簿()
    Worksheets("元表").Copy _
        Before:=Workbooks("1月统计.xlsx").Worksheets(1)
End Sub
```

※先打开复制到的"1月统计.xlsx"工作簿。

第 5 章 工作表和工作簿基本操作与实例

工作表的基本操作

05 对多个工作表执行相同操作

扫码看视频

对工作簿内所有工作表执行相同操作

需要对工作簿内的所有工作表执行相同操作时使用ForEach语句，可以对Worksheets集合中所有的Worksheet对象（工作表）执行相同操作。

以下示例中，将工作簿内所有的工作表名称更改为"报告1""报告2"……的序列。

样本 为工作簿内所有工作表更名　　　　　　　　　05-05-01.xlsm

```
Sub 变更工作表名称()
    Dim ws As Worksheet, i As Integer
    i = 1
    '将工作簿内所有的工作表代入变量ws，执行重复操作
    For Each ws In Worksheets
        '为代入变量ws的工作表设置名称
        ws.Name = "报告" & i
        i = i + 1
    Next
End Sub
```

对工作簿内部分工作表进行操作

需要删除、复制部分工作表时，在ForEach语句中使用If语句，限定操作对象。

以下示例代码中，先确认包含该工作表再删除。

184

样 本	删除名为"计算用"的工作表	05-05-02.xlsm

```
Sub 确认有该工作表后删除()
    Dim ws As Worksheet
    For Each ws In Worksheets        '将工作簿内的所有工作表代入变量ws
        If ws.Name = "计算用" Then '仅对名为［计算用］的工作表执行操作
            Application.DisplayAlerts = False '关闭确认提示
            ws.Delete
            Application.DisplayAlerts = True  '打开确认提示
            Exit For
        End If
    Next
End Sub
```

※关于Application.DisplayAlerts请参考p.197

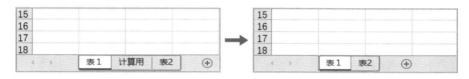

也可以使用Array函数（**p.84**）对指定的多个工作表执行操作。

样 本	使用**Array**函数，更改"表**1**""表**2**"的标题栏为红色	05-05-03.xlsm

```
Sub 对部分工作表执行操作()
    Dim ws As Worksheet
    For Each ws In Worksheets(Array("表1", "表2"))
        ws.Tab.Color = rgbRed
    Next
End Sub
```

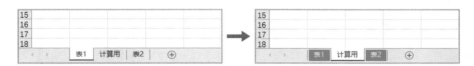

06 引用工作簿

扫码看视频

在打开多个工作簿的情况下进行某些操作时，需要正确引用对象工作簿。

下面介绍一些引用工作簿的基本方法。

Workbooks属性

Workbooks属性用来获取引用了参数指定工作簿的Workbook对象。

格 式 》》 Workbooks属性

```
Workbooks( [ Index ] )
```

参数 | **Index** ：使用字符串或数值指定对象工作簿（参照下表）。

● **工作簿的指定例**

例	引用工作簿
Workbooks ("Book1.xlsx")	工作簿 [Book1.xlsx]
Workbooks (1)	最先打开的工作簿
Workbooks	打开的所有工作簿

笔 记

Workbooks属性的参数以数值形式指定时，按照工作簿的打开顺序从1开始标注序号。我们需要注意的是隐藏的工作簿也在标注序号之列。

ActiveWorkbook属性与ThisWorkbook属性

ActiveWorkbook属性用来获取引用当前工作簿（现在处于激活状态的工作簿）的Workbook对象。

ThisWorkbook属性用来获取引用了**当前运行VBA代码所在工作簿**的Workbook对象。

Activate方法

Activate方法用来激活指定的工作簿（Workbook对象），并显示在对话框中。

格式 >> **Activate方法**

Workbook对象.Activate

样 本　**激活第一个打开的工作簿**

05-06-01.xlsm

```
Sub 引用当前工作簿()
    Workbooks(1).Activate        '激活第一个打开的工作簿
    MsgBox ActiveWorkbook.Name    '在对话框中显示当前工作簿名称
End Sub
```

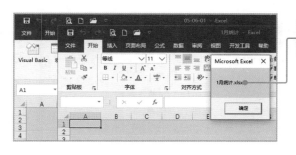

激活第一个被打开的工作簿，并在对话框中显示该工作簿名称。

样 本　**引用当前运行代码所在工作簿**

05-06-02.xlsm

```
Sub 引用当前运行代码所在工作簿()
    ThisWorkbook.Activate        '激活当前运行代码所在工作簿
    MsgBox ThisWorkbook.Name      '在对话框中显示该工作簿名称
End Sub
```

需要注意，Workbook对象没有Select方法，不可以将代码写成"Workbooks(1).Select"。

07 打开与关闭工作簿

打开工作簿

需要打开工作簿时，使用Workbooks集合的**Open方法**。对保存在其他工作簿中的数据进行操作时，第一步先要打开目标工作簿。

Open方法中有很多参数，下面主要介绍3个常用的参数。全部详细参数请参照VBA的帮助文件。

格式 >>> **Open方法**

```
Workbooks集合.Open(
   [ FileName ] , [ UpdateLinks ] , [ ReadOnly ]
)
```

参数

FileName ：指定打开的工作簿的保存位置与名称。省略参数后，默认为当前文件夹（处于激活状态的文件夹）。

UpdateLinks ：指定工作簿中的链接（外部引用）的更新方式，0（不更新）、3（更新）。省略该参数后，自动出现提示信息。

ReadOnly ：通过True/False指定是否使用只读方式打开工作簿。

参数FileName中省略保存位置时默认位置为"当前文件夹"，即当前正操作的文件夹。通常，在Excel中选择［文件］→［打开］→［浏览］选项，在打开的对话框中显示的位置即为当前文件夹位置。

样本 **打开当前文件夹中的"交货单.xlsx"工作簿**　　　05-07-01.xlsm

```
Sub 打开工作簿()
    Workbooks.Open Filename:="交货单.xlsx"      '仅指定名称
End Sub
```

打开保存在当前文件夹之外位置的工作簿时，**需要指定其位置与名称**。

样 本 **打开其他文件夹中的工作簿**　　　　　　05-07-01.xlsm

```
Sub 打开指定文件夹中的工作簿()
    Workbooks.Open Filename:="C:\Data\交货单.xlsx"
End Sub
```

专栏 **使用Path属性查找工作簿保存位置**

　　Workbook对象的Path属性用来获取指定的Workbook对象的保存位置。例如，当前正在运行代码的工作簿被保存在C盘下的Date文件夹内，指定"ThisWorkbook.Path"后获得""C:\Data ""。

　　"交货单.xlsx"与以上工作簿位于相同位置，从保存位置指定该工作簿的代码为"C:\Data\交货单.xlsx"。打开该工作簿的代码如下所示。此时注意，不要忘记工作簿名称前的"\"符号。

样 本 **打开的工作簿和当前运行代码所在工作簿的位置相同**　　　05-07-02.xlsm

```
Sub 打开与当前运行代码所在工作簿的位置相同的工作簿()
    Workbooks.Open FileName:=ThisWorkbook.Path & "\交货单.xlsx"
End Sub
```

关闭工作簿

　　需要关闭工作簿时，需要使用Workbooks对象的**Close方法**。通过该方法中的参数可以指定工作簿的保存方式（保存/另存为）。

　　下面介绍Close方法主要的参数。

格 式 》 **Close方法**

Workbooks对象.Close([*SaveChanges*] , [*FileName*])

参数 | *SaveChanges* ：指定为Ture时，以参数FileName指定的名称保存。若省略参数
　　　　　　　　　　　FileName后以原名称保存。指定为False时不保存。省略该参数
　　　　　　　　　　　后，如果工作簿中出现变更自动弹出确认对话框。
　　　　　FileName ：指定另存为时的名称。

　　如果省略所有参数时，工作簿中没有改动则直接关闭，有改动则自动弹出确认对话框。

189

样本 指定保存方式后关闭工作簿　　　　　　　　05-07-03.xlsm

```
Sub 关闭工作簿()
    '保存"交货单.xlsx"工作簿
    Workbooks("交货单.xlsx").Close SaveChanges:=True
    '不保存"1月销售额.xlsx"工作簿直接关闭
    Workbooks("1月销售额.xlsx").Close SaveChanges:=False
End Sub
```

关闭所有工作簿

关闭所有工作簿的代码为"Workbooks.Close"，不需要指定参数 SaveChanges。**不保存改动直接关闭工作簿时可以使用Application. DisplayAlerts属性关闭对话框。**

样本 关闭所有工作簿且不保存改动　　　　　　　05-07-04.xlsm

```
Sub 不保存改动关闭所有工作簿()
    Application.DisplayAlerts = False      '设置关闭确认对话框
    Workbooks.Close                        '关闭所有工作簿
    Application.DisplayAlerts = True       '恢复确认对话框原设置
End Sub
```

※关于DisplayAlerts属性请参看p.197。

实用的专业技巧! 关闭所有工作簿退出Excel

. . . .

关闭所有工作簿并退出Excel时，使用代码Application.Quit。当关闭改变未被保存 的工作簿时，自动弹出确认对话框。

样本 关闭所有工作簿并退出　　　　　　　　　　05-07-05.xlsm

```
Sub 关闭所有工作簿退出()
    Application.Quit
End Sub
```

08 创建新工作簿

用Add方法创建工作簿

创建一个新的工作簿时，需要使用Workbooks集合的**Add方法**。

格 式 》》 Add方法

Workbooks集合.Add([*Template*])

参 数 | *Template*：以指定工作簿为模板创建新工作簿。省略该参数时，新建一个空白的标准工作簿。

样 本 新建一个空白的标准工作簿

`05-08-01.xlsm`

```
Sub 新建工作簿()
    Workbooks.Add
End Sub
```

专栏

以某工作簿为模板创建新工作簿

在参数*Template*中指定工作簿名称，将以该工作簿为模板新建工作簿。例如，以与当前运行代码工作簿所在同一位置的"交货单模版.xlsx"为模板新建工作簿时，代码如下所示。

样 本 以某工作簿为模板新建工作簿

`05-08-02.xlsm`

```
Sub 按照模版新建工作簿()
    Workbooks.Add Template:=ThisWorkbook.Path & "¥交货单模版.xlsx"
End Sub
```

09 保存工作簿

替换保存

保存工作簿的改动内容时，使用Workbook对象的**Save方法**。执行Save方法后，已有工作簿将被替换，新建工作簿将以默认名称（工作簿1.xlsx）保存在当前文件夹中。

格 式 **》Save方法**

```
Workbook对象.Save
```

样 本 **替换保存工作簿**   05-09-01.xlsm

```
Sub 替换保存工作簿()
    ActiveWorkbook.Save
End Sub
```

另存为

首次保存新建工作簿，而且**要更改已有工作簿的名称或保存位置**时，需要使用Workbook对象的**SaveAs方法**。保存方式通过参数来指定，下面介绍SaveAs方法的几个主要参数。

格 式 **》SaveAs方法**

```
Workbook对象.SaveAs( [ FileName ] , [ FileFormat ] )
```

参数 | *FileName* ：指定工作簿保存的位置与名称。省略位置时，默认保存在当前文件夹中。
FileFormat ：指定工作簿的保存格式。省略该参数后，已有工作簿保留最后保存时的格式，新建工作簿被保存为普通Excel文件（.xlsx）。

● 参数*FileFormat*的主要设定值

设定值	内容
xlOpenXMLWorkbook	Excel工作簿（.xlsx）
xlOpenXMLWorkbookMacroEnabled	Excel启用宏的工作簿（.xlsm）
xlCSV	CSV文件

以下示例代码内容为，新建工作簿并保存到C盘的Data文件夹中。执行Workbook对象的Add方法后，返回一个新创建的工作簿（Workbook对象），接着执行SaveAs方法后，可以为新建工作簿命名后保存。

样 本	新建工作簿并命名保存	05-09-02.xlsm

```
Sub 为新建工作簿命名并保存()
    Workbooks.Add.SaveAs FileName:="C:¥Data¥操作.xlsx"
End Sub
```

指定位置处有同名文件时，自动提示是否替换的确认对话框。单击［是］按钮后替换，单击［否］或［取消］按钮，出现**运行错误**。

强制替换保存同名文件时，使用Application对象的DisplayAlerts属性来完成，如下所示。

样 本	强制替换保存	05-09-03.xlsm

```
Sub 强制替换同名文件()
    Application.DisplayAlerts = False    '设置关闭确认对话框

    '添加新建工作簿，设置保存位置与文件名后保存
    Workbooks.Add.SaveAs FileName:="C:¥Data¥操作.xlsx"

    Application.DisplayAlerts = True     '设置打开确认对话框
End Sub
```

※关于Application.DisplayAlerts请参看**p.181**。

> 笔 记
>
> 希望提前确认是否有同名文件时，可以使用Dir函数，详细内容请参照**p.198**。

为了便于了解工作簿的改动历史，有利于管理，在工作簿名称末尾添加操作日期再保存。使用Format函数添加日期，例如，像"操作181024"这样添加的年月日时，与返回日期的Date函数组合使用。

样 本 在工作簿名称末尾处添加日期

```
"操作" & Format(Date, "yymmdd") & ".xlsx"
```

创建工作簿备份

使用Workbook对象的**SaveCopyAs方法**创建工作簿备份。执行SaveCopyAs方法后，自动创建参数指定位置和名称的工作簿。**指定的保存位置处有同名工作簿时，将自动替换同名工作簿。**

格 式 ≫ **SaveCopyAs方法**

Workbook对象.SaveCopyAs(*FileName*)

参 数 | *FileName*：指定工作簿的保存位置与名称。

样 本 创建工作簿备份　　　　　　　　　　　　　　　05-09-04.xlsm

```
Sub 创建工作簿备份()
    Workbooks.Open FileName:=ThisWorkbook.Path & "¥交货单.xlsx" ●①
    ActiveWorkbook.SaveCopyAs _
            FileName:=ThisWorkbook.Path & "¥BK¥交货单BK.xlsx" ●②
    ActiveWorkbook.Close ●③
End Sub
```

※关于ThisWorkbook.Path指定方法请参看p.205。
※上述示例中指定备份文件的保存位置为BK文件夹。运行该代码前需要先创建BK文件夹，如果没有BK文件夹的情况下会发生错误。

首先，打开与当前运行代码所在工作簿同一位置的"交货单.xlsx"工作簿①；其次，将当前工作簿"交货单.xlsx"的备份保存在该位置的"BK"文件夹中，并命名为"交货单BK.xlsx"②；最后，关闭当前工作簿"交货单.xlsx"③。

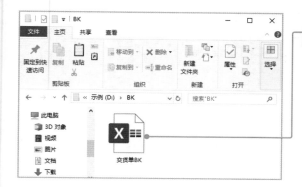

在指定位置创建"交货单.xlsx"的备份文件。

专栏

保存为PDF格式

使用ExportAsFixedFormat方法可以将工作簿保存为PDF格式。下下代码表示，打开与当前运行代码的工作簿位于相同位置的"交货单.xlsx"工作簿，将其以PDF格式保存在相同位置的"PDF"文件夹内，最后关闭"交货单.xlsx"工作簿。

样 本 **保存为PDF格式**
05-09-05.xlsm

```
Sub 保存为PDF格式()
    Workbooks.Open Filename:=ThisWorkbook.Path & "¥交货单.xlsx"
    ActiveWorkbook.ExportAsFixedFormat _
            Type:=xlTypePDF, _
            FileName:=ThisWorkbook.Path & "¥PDF¥交货单.pdf", _
            OpenAfterPublish:=True
    ActiveWorkbook.Close
End Sub
```

※当保存为PDF格式的文件为空白时，保存时提示错误。

※以上示例中指定保存位置为PDF文件夹。运行该代码前需要事先创建PDF文件夹否则出现错误。

10 文件的操作

Sample_Data/05-10/

通过对话框操作文件

扫码看视频

显示操作对话框

使用Application对象的**Dialogs属性**可以打开［保存］和［另存为］等对话框。**通过操作对话框打开、保存文件。**

格 式 ≫ **Dialogs属性**

> Application对象.Dialogs(*Index*)

参数 | *Index* ：用常量指定对话框的类型（参考下表）。

● **参数Index的主要设定值**

设定值	对话框
xlDialogOpen	打开文件（工作簿）
xlDialogSaveAs	另存为
xlDialogPageSetup	设置页面
xlDialogPrint	打印
xlDialogPrintPreview	打印预览
xlDialogPasteSpecial	选择性粘贴
xlDialogFormulaFind	查找
xlDialogFormulaReplace	替换
xlDialogNew	新建（标准）
xlDialogFileDelete	删除文件

例如，需要打开 [**打开**] **对话框**时，设置Dialogs属性的参数为xlDialogOpen，获得Dialog对象，再用**Show方法**打开对话框。在打开的对话框中选择需要打开的文件，单击［打开］按钮打开文件。

样 本　**通过对话框打开文件**　　　　　　　　　　05-10-01.xlsm

```
Sub 打开文件()
    Application.Dialogs(xlDialogOpen).Show
End Sub
```

执行上述代码后，打开［打开］
对话框。

选择文件，单击［打开］按钮，
打开选中的文件（工作薄）。

通过［另存为］对话框保存文件

　　如果需要通过［**另存为**］**对话框**保存文件，在Dialogs属性的参数中指定xlDialogSaveAs，获得Dialogs对象，再通过Show方法打开［另保存］对话框。在打开的对话框中选择文件，单击［保存］按钮保存。

样 本　**通过对话框保存文件**　　　　　　　　　　05-10-02.xlsm

```
Sub 通过对话框保存文件()
    Application.Dialogs(xlDialogSaveAs).Show
End Sub
```

第 5 章　工作表和工作簿基本操作与实例

11 在文件夹内查找文件

查找已保存的文件

使用**Dir函数**保存工作簿时可以检查是否有同名文件，查询对象文件是否在指定的文件夹内等。

格式 》 Dir函数

> Dir([*PathName*], [*Attributes*])

参数 | *PathName* ：指定要查找的文件的保存位置与名称，也可以在名称中指定通配符（p.93）。
| *Attributes* ：指定查找对象的属性。省略该参数时，默认为标准文件（参考下表）。

查找与参数*Attributes*指定格式相同的文件，将查找到的文件名以字符串形式返回，如果未找到相符内容时返回""（长度为0的字符串）。省略所有参数时，查找与最近指定参数内容相符的文件。

● 参数*Attributes*的设定值

设定值	内容（属性）
vbNormal	标准文件
vbReadOnly	只读文件
vbHidden	隐藏文件
vbSystem	系统文件
vbVolume	卷标文件
vbDirectory	文件夹

以下示例代码表示，在用户文档文件夹中查找是否有"交货单.xlsx"工作簿，如果有找到后并打开该文件。

样本　**查找文件并打开**

`05-11-01.xlsm`

```
Sub 查找文件并打开()
    Dim myFile As String, myPath As String
    '将查找范围的路径代入变量
    myPath = "C:\Users\user\Documents\"      ●——❶
    '查找文件
    myFile = Dir(myPath & "交货单.xlsx")

    '确认文件存在，仅在存在时打开
    If myFile <> "" Then
        Workbooks.Open FileName:=myPath & myFile
    Else
        MsgBox "未找到文件"                          ❷
    End If
End Sub
```

用户文档文件夹一般指定为“C:\Users\user\Documents\”。user为所用电脑中的用户名❶。

试图打开不存在的工作簿时会出现错误，所以先使用If语句确认文件是否存在后再执行打开操作，以防万一❷。

使用Dir函数时，如果找到指定的文件，将以字符串形式返回该文件名称。利用返回值打开文件时，需要指定保存位置，如myPath&myFile所示。

第5章　工作表和工作簿基本操作与实例

12

在文件夹内查找
Excel工作簿并输出一览

创建文件夹内的文件一览

下面介绍查找用户指定文件夹内的Excel文件（.xlsx.xlsm），并输出一览到工作表的示例。

> **样　本**　查找文件夹内的Excel文件并创建一览　　　　　`05-12-01.xlsm`

```
Sub 创建文件夹内的文件一览()
    Dim myFile As String, myPath As String
    Dim r As Long

    myPath = "C:¥Users¥user¥Documents¥"
    myFile = Dir(myPath & "*.xls?")        ●❶

    r = 1
    Do While myFile <> ""
        Range("A1").Offset(r).Value = myFile
        myFile = Dir()        ❷
        r = r + 1
    Loop
End Sub
```

> 变量myFile不为"""" （长度为0的字符串）时 （文件存在时），进行重复查找。

以上示例的代码中，通过指定文件名称中的"*.xls?"❶，将扩展名为.xlsx和.xlsm的文件全部列入查找范围。末尾的?表示"任意1个字符"的通配符（**p.77**）。

同时，设置Dir函数时省略参数，用❶中指定的参数条件查找文件❷。

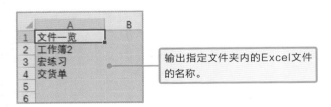

输出指定文件夹内的Excel文件的名称。

文件的操作

复制其他工作簿中的工作表

扫码看视频

使用Copy方法复制工作表

希望**"将其他部门提交的报告书工作表汇总到统计用的工作簿中"**时，需要复制位于其他工作簿中的工作表。此时，可以使用**p.183**中介绍过的**Copy方法**。

以下示例代码表示，复制与当前运行代码所在工作簿保存位置相同的"报告"文件夹中"报告营业部.xlsx"工作簿的首个工作表到相同位置的"报告统计.xlsx"工作簿中。

样 本 | **复制位于其他工作簿中的工作表**   `05-13-01.xlsm`

```
Sub 复制其他工作簿中的工作表()
    '变量toWB中代入粘贴目标工作簿，变量frWB中代入复制源工作簿
    Dim toWB As Workbook, frWB As Workbook

    '变量wbPath中代入工作簿的保存位置路径
    Dim wbPath As String
    wbPath = ThisWorkbook.Path

    '获得粘贴目标工作簿
    Set toWB = Workbooks.Open(wbPath & "¥报告统计.xlsx")

    '获得复制源工作簿
    Set frWB = Workbooks.Open(wbPath & "¥报告\报告营业部.xlsx")

    '将复制源（frWB）中的首个工作表复制到粘贴目标工作簿（toWB）的首位置
    frWB.Worksheets(1).Copy Before:=toWB.Worksheets(1)

    '关闭变量fwWB
    frWB.Close
    Set toWB = Nothing:Set frWB = Nothing
End Sub
```

● 复制位于其他工作簿的工作表

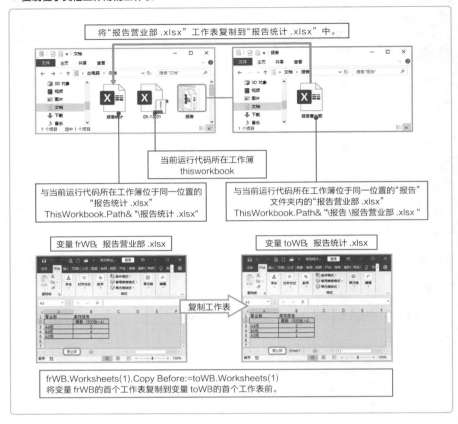

将"报告营业部.xlsx"工作表复制到"报告统计.xlsx"中。

当前运行代码所在工作簿
thisworkbook

与当前运行代码所在工作簿位于同一位置的
"报告统计.xlsx"
ThisWorkbook.Path& "\报告统计.xlsx"

与当前运行代码所在工作簿位于同一位置的"报告"
文件夹内的"报告营业部.xlsx"
ThisWorkbook.Path& "\报告\报告营业部.xlsx"

变量 frWB：报告营业部.xlsx

变量 toWB：报告统计.xlsx

复制工作表

frWB.Worksheets(1).Copy Before:=toWB.Worksheets(1)
将变量 frWB 的首个工作表复制到变量 toWB 的首个工作表前。

统一复制其他工作簿中的多个工作表

从其他工作簿复制多个工作表时，需要重复执行复制操作。将复制源工作簿统一放置到1个文件夹，用**Dir函数**（**p.198**）在文件夹内查找，按顺序打开并复制查找到的文件。

样 本　统一复制位于其他工作簿的工作表

`05-13-02.xlsm`

```
Sub 统一复制其他工作簿中的工作表()
    Dim toWB As Workbook, frWB As Workbook
    Dim wbPath As String
    Dim myFile As String

    wbPath = ThisWorkbook.Path
    Set toWB = Workbooks.Open(wbPath & "\报告统计.xlsx")
    myFile = Dir(wbPath & "\报告\*.xlsx")    '使用Dir函数查找

    Do While myFile <> ""
        Set frWB = Workbooks.Open(wbPath & "\报告\" & myFile)
        frWB.Worksheets(1).Copy Before:=toWB.Worksheets(1)
        frWB.Close
        myFile = Dir()    '查找相同条件的文件
    Loop
End Sub
```

※关于Do While语句之外的代码内容，请参考p.202。

● 统一复制其他工作簿中的工作表

将"报告"文件夹的所有工作簿中的工作表复制到"报告统计 .xlsx"工作簿中。
利用 Dir函数在工作簿内查找，通过 Do While语句重复执行复制操作。

当前运行代码所在工作簿
thisworkbook

与当前运行代码所在工作簿位于同一位置的
"报告统计 .xlsx"
ThisWorkbook.Path& "\报告统计 .xlsx"

与当前运行代码所在工作簿位于同一位置的"报告"
文件夹内的"报告营业部 .xlsx"
ThisWorkbook.Path& "\报告 \" &myFile "

第 5 章　工作表和工作簿基本操作与实例

Excel +

文件的操作

14 复制其他工作簿中的数据

将其他工作簿中的数据添加到表格

向表格中添加其他工作簿中的数据时，先打开工作簿复制单元格区域，**再添加到粘贴目标表格的最下方**。复制单元格值时使用**Copy方法**（p.183）。

以下示例代码表示，复制与当前运行代码所在工作簿位于同一位置的"销售额"文件夹的"1月销售额.xlsx"工作簿中的数据到当前运行代码所在工作簿的工作表中。

样本   05-14-01.xlsm

```
Sub 复制其他工作簿中的数据()
    Dim frWB As Workbook     '代入复制源工作簿
    Dim toWB As Workbook     '代入粘贴目标工作簿
    Dim r As Long        '粘贴目标处的单元格行号
    Dim cnt As Long        '复制源的数据数目

    '代入当前运行代码所在工作簿
    Set toWB = ThisWorkbook
    '代入与toWB在同一位置的"销售额"文件夹中的"1月销售额.xlsx"
    Set frWB = Workbooks.Open(toWB.Path & "销售额\1月销售额.xlsx")
    '代入粘贴目标处的行号
    r = toWB.Worksheets(1).Range("A" & Rows.Count) _
                              .End(xlUp).Offset(1).Row ●—①
    With frWB.Worksheets(1).Range("A3").CurrentRegion
        cnt = .Rows.Count - 1                              ②
        .Offset(1).Resize(cnt).Copy _
            Destination:=toWB.Worksheets(1).Cells(r, "A")
    End With
    frWB.Close
    Set toWB = Nothing: Set frWB = Nothing
End Sub
```

①获得变量toWB中首个工作表A列最下端向上至第二行单元格（新单元格）的行号，并代入到变量r。

②获得变量frWB中首个工作表中包含A3单元格的表格（复制源数据所在表格）中的数据数目并代入到变量cnt，将标题行的所有数据复制到变量toWB的首个单元格的r行A列。

● 复制其他工作簿的数据

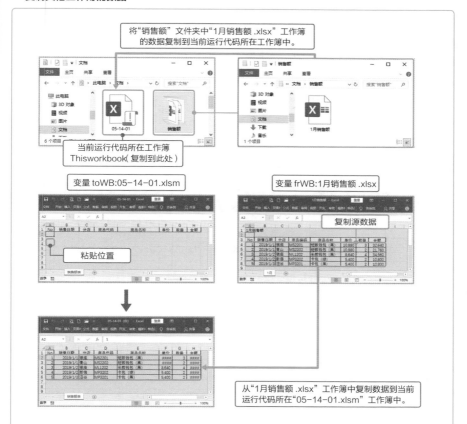

将"销售额"文件夹中"1月销售额.xlsx"工作簿的数据复制到当前运行代码所在工作簿中。

当前运行代码所在工作簿
Thisworkbook（复制到此处）

变量 toWB:05-14-01.xlsm

变量 frWB:1月销售额.xlsx

复制源数据

粘贴位置

从"1月销售额.xlsx"工作簿中复制数据到当前运行代码所在"05-14-01.xlsm"工作簿中。

第 5 章　工作表和工作簿基本操作与实例

统一复制多个其他工作簿中的数据

复制多个其他工作簿中的数据至同一个表格中时重复执行复制操作。基本处理内容与前一示例"复制其他工作簿中的数据"（**p.204**）相同。**先将复制源工作簿放入同一文件夹内，再使用Dir函数在文件夹内查找，按顺序打开并复制查找到的文件。**

以下示例代码表示，将当前运行代码所在工作簿作为"统计用工作簿"，按顺序打开保存在同位置"销售额"文件夹中的Excel文件，将首工作表的数据部分复制到统计用工作簿（当前运行代码所在工作簿）中。学习本示例时请同时参看前页中的示例代码。

```
Sub 复制多个工作簿中的数据()
    Dim frWB As Workbook          '复制源工作簿
    Dim toWB As Workbook          '粘贴目标工作簿（统计用工作簿）
    Dim r As Long                 '粘贴目标处单元格行号
    Dim cnt As Long               '复制源里的数据数目
    Dim myFile As String
    Set toWB = ThisWorkbook       '代入当前运行代码所在工作簿


    myFile = Dir(toWB.Path & "¥销售额¥*.xlsx")    ●━━①

    '变量myFile不为""""时（查找出结果），执行重复操作
    Do While myFile <> ""
        Set frWB = Workbooks.Open(toWB.Path & "¥销售额¥" & myFile) ●━②
        r = toWB.Worksheets(1).Range("A" & Rows.Count) _
                              .End(xlUp).Offset(1).Row     ③

        With frWB.Worksheets(1).Range("A3").CurrentRegion
            cnt = .Rows.Count - 1
            .Offset(1).Resize(cnt).Copy _
                Destination:=toWB.Worksheets(1).Cells(r, "A")   ④
        End With

        frWB.Close
        myFile = Dir()         ⑤
    Loop
End Sub
```

　　以上示例中，首先使用Dir函数，查找与变量toWB同位置的"销售
额"文件夹内的Excel工作簿（*.xlsx），并将找到的工作簿的名称代入变量
myFile❶。

　　变量myFile存在期间（不为""），打开对象Excel工作簿❷，对该文件执
行以下操作。

- 获得变量toWB中首个工作表A列最下端向上至第二行单元格（新单
  元格）的行号，并代入到变量r❸。
- 获得变量frWB中首个工作表中包含A3单元格的表格（复制源数据
  所在表格）中的数据数目并代入到变量cnt，将标题行外的所有数据
  复制到变量toWB的首个单元格的r行A列❹。

对所有工作簿执行以上操作后，关闭复制源工作簿，查找符合❶中条件的文件❺。

● 统一复制其他工作簿中的数据

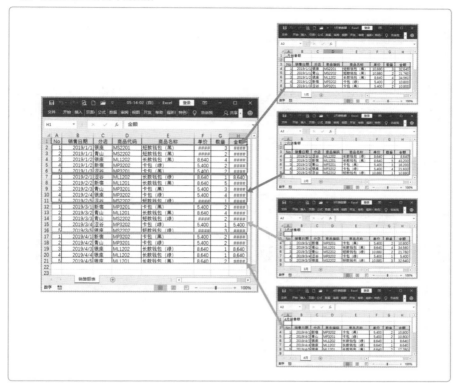

第 5 章　工作表和工作簿基本操作与实例

15 读取 CSV文件

扫码看视频

直接读取CSV文件

在Excel中，使用VBA**可以直接读取从数据库等软件中提取的CSV文件**。CSV（Comma-Separated Values）是一种各字段用,（逗号）隔开的数据形式，扩展名为.csv。CSV文件还可以用记事本打开，在读取数据前我们可以通过记事本查看内容。

● **读取CSV文件**

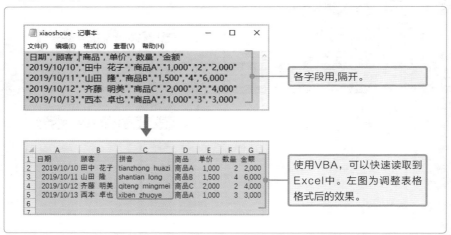

各字段用,隔开。

使用VBA，可以快速读取到Excel中。左图为调整表格格式后的效果。

以上示例为大家介绍如何将CSV文件保存为Excel文件。首先用Excel读取CSV文件，设置表格的格式（边框线与背景色）后再保存。示例较长，分为A、B、C3个部分为大家说明。

　　[A] 打开 [打开] 对话框，选择CSV文件并打开。

　　[B] 在打开的文件中调整表格格式。

　　[C] 保存为Excel工作簿（有同名文件时直接替换）。

样 本　读取CSV文件，变更保存格式

05-15-01.xlsm

```
Sub 读取CSV文件()
    Dim cnt As Long            '用于保存表格中数据个数的变量
    Dim myFile As Variant      '用于［打开］界面返回值的变量

'［A］打开［打开］界面，选择CSV文件并打开
    myFile = Application. _
                GetOpenFilename("CSV文件 (*.csv), *.csv")   ●―❶
    If myFile = False Then Exit Sub   ●――❷
    Workbooks.Open myFile   ●――❸

'［B］在打开的文件中调整表格格式
    With Range("A1").CurrentRegion
        cnt = .Rows.Count - 1     '数据个数   ●――❹
        .Columns("D:F").Offset(1).Resize(cnt). _
                        NumberFormatLocal = "#,##0"   ●―❺
        .Borders.LineStyle = xlContinuous
        .Rows(1).Interior.Color = rgbLightBlue
        .Rows(1).HorizontalAlignment = xlCenter      ●――❻
        .Columns.AutoFit
    End With

'［C］保存为 Excel工作簿（有同名文件时直接替换）
    Application.DisplayAlerts = False   ●――❼
    ActiveWorkbook.SaveAs _
        Filename:=Replace(myFile, "csv", "xlsx"), _   ●――❽
        FileFormat:=xlOpenXMLWorkbook
    Application.DisplayAlerts = True   ●――❾
End Sub
```

第 5 章　工作表和工作簿基本操作与实例

🎓实用的专业技巧！　代码较长时，执行前务必保存

　　运行代码过程中如果发生某些错误，强行退出Excel后，VBE上没有保存的代码也会随之消失，所以在运行前务必保存代码。

[A] 部分操作内容

[A]部分执行以下操作。

```
'[A]打开[打开]界面, 选择CSV文件并打开
    myFile = Application. _
                GetOpenFilename("CSV文件 (*.csv), *.csv")  ●―❶
    If myFile = False Then Exit Sub  ●―――❷
    Workbooks.Open myFile  ●―――❸
```

首先, 使用**GetOpenFilename方法**, 将选择的CSV文件的路径与文件名代入变量myFile❶。

其次, 使用If语句, 设置变量myFile值为False时结束操作❷。变量myFile值为True时, 使用变量值 (CSV文件的路径+文件名) 打开文件❸。

☑GetOpenFilename方法

GetOpenFilename方法用来打开 [**打开**] **文件界面**, 获得用户指定的文件名。用户单击 [**打开**] **按钮**后, 返回文件的路径与文件名 (字符串), 单击 [取消] 按钮返回False。下面为大家介绍GetOpenFilename方法主要的参数。

格 式 >> **GetOpenFilename方法**

Application对象.GetOpenFilename([*FileFilter*])

参 数 | *FileFilter* : 指定显示在文件一览界面中的文件类型。

例如, 在参数*FileFilter*中指定 ""CSV文件 (*.csv) , *.csv"" 后, [文件类型] 中显示 "CSV文件 (*.csv)"。又如*.csv, 通过指定 * (通配符: p.77) 和扩展名, 限定出现在一览中的文件类型。

> 笔记
>
> **p.212**中的Dialogs属性无法限定出现在一览中的文件类型。该示例中仅需要显示CSV文件为选项, 因此使用GetOpenFilename方法。

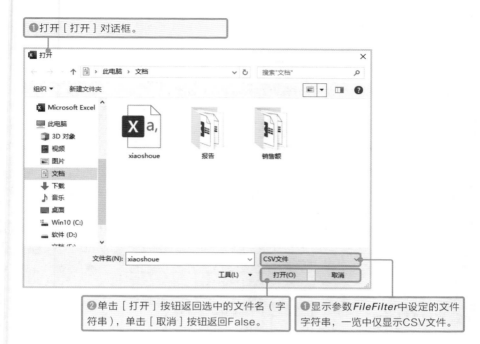

❶打开［打开］对话框。

❷单击［打开］按钮返回选中的文件名（字符串），单击［取消］按钮返回False。

❸显示参数*FileFilter*中设定的文件字符串，一览中仅显示CSV文件。

● 笔记 ●

需要打开［另存为］对话框时，使用GetSaveAsFilename方法。

[B] 部分操作内容

在 [B] 部分中，针对读取的CSV文件数据，执行以下操作。

• 添设置D列~F列的格式。

• 设置表格格式（边框线等），调整表格。

样本　[B] 部分操作内容

05-15-01.xlsm

```
'[B] 在打开的文件中调整表格格式
    With Range("A1").CurrentRegion
        cnt = .Rows.Count - 1     '数据个数      ④
        .Columns("D:F").Offset(1).Resize(cnt). _
                              NumberFormatLocal = "#,##0"    ⑤
        .Borders.LineStyle = xlContinuous
        .Rows(1).Interior.Color = rgbLightBlue
        .Rows(1).HorizontalAlignment = xlCenter      ⑥
        .Columns.AutoFit
    End With
```

④将数据个数代入变量cnt。
⑤设置D列～F列的格式为［#,##0］（显示千位分隔符）。
⑥为整个表添加边框线，设置第1行单元格的背景色为淡蓝色，文字居中，自动调整全列列宽。

⑥调整表格格式。　　　　⑤D列～F列中显示千位分隔符。

需要注意，第⑤步中分别以各列为操作对象，用"Offset（1）"表示逐列向右，用Resize（cnt）表示行数。

［C］部分操作内容

［C］部分中将读取后加工过的CSV文件数据保存为Excel文件。如果指定位置有同名文件时，设置为直接替换。

```
'［C］保存为Excel工作簿（有同名文件时直接替换）
    Application.DisplayAlerts = False    ●──❼
    ActiveWorkbook.SaveAs _
        Filename:=Replace(myFile, "csv", "xlsx"), _          ❽
        FileFormat:=xlOpenXMLWorkbook
    Application.DisplayAlerts = True    ●──❾
```

以上内容的开头部分设置Application.DisplayAlerts为False❼（**p.181**），表示有同名文件时强制替换。接下来使用**Replace函数**，将变量myFile的文件扩展名（.csv）变更为Excel文件的扩展名（.xlsx），再用**SaveAs方法**（**p.192**）保存❽。最后恢复Application.DisplayAlerts为True❾。

第 5 章 工作表和工作簿基本操作与实例

16 读取文本文档

直接读取文本文档

文本文档中有0001或2019-12-22这样的字符串时，设置自动转换为数值或日期格式，显示为1或2019/12/22。如果需要以字符串形式显示这些字符时，使用**OpenText方法**打开文本文档。

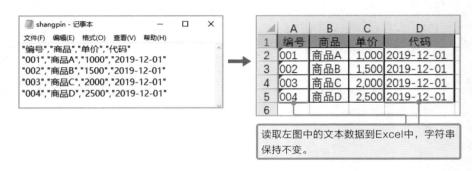

读取左图中的文本数据到Excel中，字符串保持不变。

样本　读取文本文档，更改保存格式　　　　　　　　　　　05-16-01.xlsm

```
Sub 读取文本文档()
    Dim myFile As Variant    '保存读取的文本文档名称
    Dim cnt As Long          '用于保存表格中数据个数的变量

'［A］打开文本文档
    myFile = ThisWorkbook.Path & "¥文本¥shohin.txt"
    Workbooks.OpenText FileName:=myFile, _
        DataType:=xlDelimited, _
        TextQualifier:=xlTextQualifierDoubleQuote, _
        Comma:=True, _
        FieldInfo:=Array(Array(1, 2), Array(2, 1), _
                    Array(3, 1), Array(4, 2))
```

OpenText
方法

```
'［B］调整表格格式
    With Range("A1").CurrentRegion
        cnt = .Rows.Count - 1        '数据个数
        .Columns(3).Offset(1).Resize(cnt).NumberFormatLocal = "#,##0"
        .Borders.LineStyle = xlContinuous
        .Rows(1).Interior.Color = rgbLightGreen
        .Rows(1).HorizontalAlignment = xlCenter
        .Columns.AutoFit
    End With

'［C］保存为Excel工作簿（有同名文件时替换）
    myFile = Replace(myFile, "txt", "xlsx")
    Application.DisplayAlerts = False
    ActiveWorkbook.SaveAs _
        Filename:=myFile, FileFormat:=xlOpenXMLWorkbook
    Application.DisplayAlerts = True
End Sub
```

［A］部分操作内容

　　［A］部分中，使用**OpenText方法**打开变量myFile指定的文本文档。OpenText方法格式如下。该方法的参数较多看上去比较复杂，实际自身结构很简单，逐一认真了解后能很快理解其含义。

格 式 》 **OpenText方法**

```
Workbooks.OpenText(
    [ FileName ],[ DataType ],[ TextQualifier ],
    [ Comma ],[ FieldInfo ]
)
```

参数

FileName	：	通过字符串指定要打开的文本文档。
DataType	：	指定文件格式（参看下一页）。
TextQualifier	：	指定数据的引用符（参看下一页）。
Comma	：	为True时显示分隔符省略该参数或为False时不显示分隔符。
FieldInfo	：	通过数组指定读取时各列的数据格式（p.216）。

215

设定值	说明
xlDelimited（默认值）	数据间用Tab或逗号分隔。省略参数时，默认设置此值。
xlFixedWidth	以固定字符数分隔各列（固定长度）。

● 参数TextQualifier的设定值

设定值	说明
xlTextQualifierDoubleQuote（默认值）	"
xlTextQualifierSingleQuote	'
xlTextQualifierNone	无引用符

　　本示例中，OpenText方法指定以下参数，打开文本文档。

样本　　[A]部分操作内容　　　　　　　　　　　　　　05-16-01.xlsm

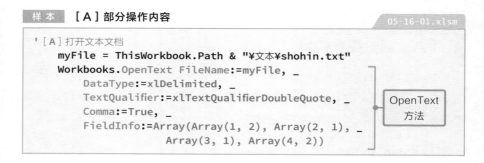

```
'[A]打开文本文档
    myFile = ThisWorkbook.Path & "¥文本¥shohin.txt"
    Workbooks.OpenText FileName:=myFile, _
        DataType:=xlDelimited, _
        TextQualifier:=xlTextQualifierDoubleQuote, _
        Comma:=True, _
        FieldInfo:=Array(Array(1, 2), Array(2, 1), _
                    Array(3, 1), Array(4, 2))
```

OpenText
方法

指定参数FieldInfo

　　参数FieldInfo利用数组（Array函数）以"（Array（列数，数据格式）"
形式指定读取各列数据时的数据格式（省略该步后，默认以标准格式读
取）。数据格式通过数值来指定。例如，1代表常规格式，2代表字符格式（详
情请参考下页）。

　　以上示例中，打开文件时指定第1列为**字符格式**，第2列和第3列为**常规
格式**，第4列为**字符格式**。这样，文件的第1列和第4列将被读取为字符串。

样 本　参数*FieldInfo*指定的内容

　　该参数可以省略，但如果有1个要指定为常规格式之外的格式时，也需要指定所有列的数据形式。本示例中需要指定第1列和第4列为字符格式，所以也要指定所有列的数据格式。

● 参数*FieldInfo*的主要设定值

值	说明
1	常规格式
2	文本格式
3	日期MDY（月日年）格式
4	日期DMY（日月年）格式
5	日期YMD（年月日）格式
6	日期MYD（月年日）格式
7	日期DYM（日年月）格式
8	日期YDM（年日月）格式
9	列末分列

［B］部分操作内容

　　在［B］部分中，更改读取到的数据格式，调整表格的外观。关于具体内容含义，请参照前一示例中［B］部分内容（**p.212**），两部分设置的格式基本相同。

［C］部分操作内容

　　在［C］部分中，将读取到的文本数据保存为Excel工作簿（.xlsx）格式。关于Application.DisplayAlerts和SaveAs方法的具体用法，请参照前一示例中［C］部分内容（**p.213**）。

第5章　工作表和工作簿基本操作与实例

17 特定节点下运行程序

扫码看视频

事件与事件过程

VBA中还可以编写在特定节点下运行的程序，如"打开工作簿""切换工作表"等操作后，自动运行的程序。这种**可以引发程序自动执行的操作或状态**被称为**"事件"**，响应事件自动运行的程序被称为**"事件过程"**。

例如，希望工作簿和工作表以不同于一般宏程序的执行形式执行某些操作时，需要编写事件过程。

- 关闭工作簿时必须执行操作。
- 双击特定单元格后自动输入日期。

● **事件与事件过程**

普通宏程序是在**"模块"**中编写（**p.28**），事件过程是在**"事件发生的对象模块"**中编写。

例如，工作簿的事件过程在**ThisWorkbook模块**中编写，与Sheet1工作表相关的事件过程在**Sheet1模块**中编写。

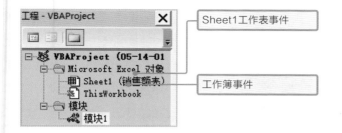

Sheet1工作表事件

工作簿事件

● 工作表主要事件

事件	发生节点
Activate	激活工作表时
BeforeDoubleClick	双击工作表时
BeforeRightClick	右击工作表时
Change	变更工作表单元格中的值时
Deactivate	工作表未激活时
SelectionChange	变更工作表选择范围时

● 工作簿主要事件

事件	发生节点
Activate	激活工作薄时
BeforeClose	关闭工作薄时
BeforeSave	保存工作薄时
BeforePrint	打印工作薄时
NewSheet	添加新工作表时
Open	关闭工作簿时

关闭工作簿时，在单元格内记录关闭时的日期与时间

需要在关闭工作簿时自动执行某些操作时，编写**Workbook_BeforeClose事件过程**，规定在工作簿**BeforeClose事件**发生时自动运行程序。

下面介绍"关闭工作簿时，在指定单元格内自动输入当时日期与时间"的程序代码。

步骤 ①

在工程浏览窗口双击ThisWorkbook①，打开ThisWorkbook代码窗口②。

步骤 ②

单击左边框的下三角按钮，在列表中选择Workbook对象③。

步骤 ③

单击右边框的下三角按钮，在列表中选择BeforeClose事件④。

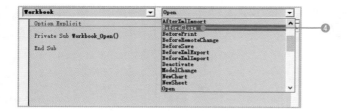

步骤 ④

Workbook对象和Workbook_BeforeClose事件组合构成事件过程⑤。

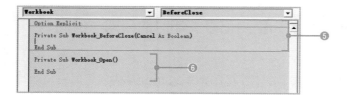

步骤 ⑤

在代码窗口中编写以下代码。代码的含义为，关闭工作簿时，在D1单元格中输入当前的日期和时间。

样本　输入当前的日期和时间并保存工作簿　　　　　　　　　05-17-01.xlsm

```
Private Sub Workbook_BeforeClose(Cancel As Boolean)
    Range("D1").Value = Now        '在D1单元格处输入现在的日期和时间
    ThisWorkbook.Save              '保存工作簿
End Sub
```

步骤 ⑥

代码编写完成，确认是否可以实际执行。关闭工作簿后再打开，查看D1单元格中是否记录关闭工作簿时的日期与时间❼。

第 5 章　工作表和工作簿基本操作与实例

双击设置单元格格式

使用工作表中的**BeforeDoubleClick事件**编写**Workbook_BeforeDoubleClick事件过程**，在双击工作表中指定的单元格时执行特定操作。

下面介绍，双击Sheet1工作表表格中的空白行时，自动设置表格的格式和序号的代码。

步骤 ①

在工程浏览窗口双击Sheet1❶，打开Sheet1代码窗口❷。

步骤 ②

单击左边框下三角按钮，在列表中选择Worksheet对象❸。

步骤 ③

单击右边框下三角按钮，在列表中选择BeforeDoubleClick事件❹。

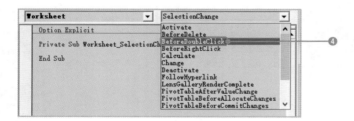

步骤 ④

Worksheet对象和BeforeDoubleClick事件组合构成事件过程❺。

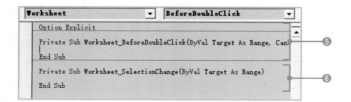

> **笔记**
>
> 按P235提示顺序操作，也可以创建Worksheet_SelectionChange事件过程❻。本节中未使用到该程序，虽然暂时不会出现问题，当不需要时建议删除。

步骤 ⑤

在代码窗口中编写以下代码。

样本 双击新行、自动设置边框和序号

`05-17-02.xlsm`

```
Private Sub Worksheet_BeforeDoubleClick(ByVal Target As Range, _
                                        Cancel As Boolean)
    Dim r As Long
    With Range("A3").CurrentRegion    '设置含A3单元格的表格为操作对象
        r = .Rows.Count    '将表格行数代入变量r
        If Intersect(Target, .Rows(r).Offset(1)) _
                            Is Nothing Then Exit Sub    ●──❼
        .Rows(r).Copy
        .Rows(r).Offset(1).PasteSpecial xlPasteFormats    ●──❽
        .Rows(r).Offset(1).Cells(1).Value = _
                        .Rows(r).Cells(1).Value + 1    ●──❾
        .Rows(r).Offset(1).Cells(2).Select    ●──❿
    End With
    Application.CutCopyMode = False
End Sub
```

首先，通过If语句确认双击的单元格（Target）是否与第r行（表格最下一行）的下一行重合，不重合时终止操作❼。该示例中使用Intersect方法，当有与参数指定的单元格区域相重合部分时，以Range对象形式返回该重合部分（没有重合部分时，返回Nothing）。

有重合部分（为不Nothing）时，复制第r行，并将其格式粘贴到第r行的下一行❽。接下来，在第r行的下一行的第1个单元格内，输入上一行单元格内的值加1后的数值❾，最后选择第r行下一行中的第2个单元格❿。

步骤 ⑥

代码编写完成，确认是否可实际执行。双击新行⓫，该行设置边框线与序号，并选择第2列的单元格⓬。

第 5 章　工作表和工作簿基本操作与实例

223

▲	A	B	C	D	E	F	G	H	I
1	销售额表			2019/8/14 20:59					
2									
3	No	销售日期	分店	商品编码	商品名称	单价	数量	金额	
4	1	2019/03/01	新宿	MP3201	卡包（黑）	5,400	2	10,800	
5	2	2019/03/02	青山	ML1201	长款钱包（黑）	8,640	4	34,560	
6	3	2019/03/03	青山	MS2202	短款钱包（绿）	10,880	2	21,760	
7	4	2019/03/04	涩谷	MP3202	卡包（绿）	5,400	1	5,400	
8	5	2019/03/05	银座	MS2202	短款钱包（绿）	10,880	3	32,640	
9									— ⑪
10									
11									

▲	A	B	C	D	E	F	G	H	I
1	销售额表			2019/8/14 20:59					
2									
3	No	销售日期	分店	商品编码	商品名称	单价	数量	金额	
4	1	2019/03/01	新宿	MP3201	卡包（黑）	5,400	2	10,800	
5	2	2019/03/02	青山	ML1201	长款钱包（黑）	8,640	4	34,560	
6	3	2019/03/03	青山	MS2202	短款钱包（绿）	10,880	2	21,760	
7	4	2019/03/04	涩谷	MP3202	卡包（绿）	5,400	1	5,400	
8	5	2019/03/05	银座	MS2202	短款钱包（绿）	10,880	3	32,640	
9	6								— ⑫
10									
11									

专栏

参数 *Target* 与参数 *Cancel*

在Worksheet_BeforeDoubleClick事件过程中，自动设置参数 ***Target*** 和参数 ***Cancel***。参数 ***Target*** 可以自动代入"**双击的单元格地址**"，用于查找双击单元格。参数 ***Cancel*** 为True时**取消事件**。可以通过该参数，满足某些条件时为其代入True来取消事件。

第 **6** 章

数据的排序
与提取

本章将学习如何使用VBA中的排序功能为Excel中的数据排序，以及如何使用筛选功能提取数据。将Excel作为数据库使用，意味着在VBA的使用上了一个新台阶。

01 VBA数据操作基础知识

扫码看视频

数据库

在Excel中，可以将已有的表格当作"**数据库**"使用，前提是遵循一定的规则。在"数据库"表格中，可以使用"**数据排序**"和"**筛选（数据提取）**"等功能快速进行数据的整理、分析和统计等。在VBA中通过使用这些功能，可以大幅提高较为复杂烦琐数据的分析与统计操作的效率。

数据库是指第1行是"项目名"，第2行以下是"数据"的表格。单组数据叫"**记录**"，一组数据必须位于同1行上，并有项目名。**项目名又叫"字段名"。**

● 数据库结构与各部名称

	A	B	C	D	E	F	G
1	顾客名单						
2							
3	顾客序号	姓名	拼音	性别	级别	地区	
4	1	正木　希海	zhengmu xihai	女	正式	千叶县	
5	2	野本　聪	yeben　cong	男	黄金	高知县	
6	3	西野　章子	xiye　zhangzi	女	优质	东京都	
7	4	久野　正行	jiuye　zhengxing	男	正式	北海道	
8	5	茂木　里美	maomu　limei	女	黄金	福冈县	
9							
10							
11							

序号	名称	说明
❶	数据库	第1行是"项目名"，第2行以下是"数据"的表格
❷	字段行	表格中的第1行，也称为标题行
❸	字段名	项目名
❹	字段	列，各个列内的数据类型相同
❺	记录	行，1行是一组数据

表格、行和列引用方法

下面介绍VBA中表格、行列的引用方法。以表格中左上方单元格（下图中的A3单元格）为"**基准**"，分别引用整体表格、任意数据范畴以及第1行的数据。具体代码在下节后详细说明，现阶段我们只需要大概了解"写法"。

序号	引用对象	VBA中的表述
❶	整体表格	Set dRng = Range("A3").CurrentRegion
❷	表格行数	rCnt = dRng.Rows.Count
❸	表格列数	cCnt = dRng.Columns.Count
❹	数据范围	dRng.Offset(1).Resize(rCnt−1)
❺	表格第1行	dRng.Rows(1)
❻	表格末尾行	dRng.Rows(rCnt)
❼	表格第1列	dRng.Columns(1)
❽	表格末尾列	dRng.Columns(cCnt)

❷ "表格行数"中不包含标题行。因此，在获取数据组数时或用"表格行数-1"，或用❹数据范围"数据范围.Rows.Count"计算。

Excel 数据的排序

Sample_Data/06-02/

扫码看视频

02 数据排序

Sort方法

使用Sort方法，也可以使用Sort对象对**数据排序**。其中Sort方法用法比较简单。

Sort方法可以指定**3个排序**关键行或列。该方法有多个参数，下面介绍主要的参数。

格 式 ➤➤ **Sort方法**

```
Range对象.Sort(
    [ Key1 ] , [ Order1 ] , [ Key2 ] , [ Order2 ] , [ Key3 ] , [ Order3 ] , [ Header ]
)
```

参数 | Key1 ：使用Range对象或字段名指定第1行的排序关键行或列（范围）。同理，Key2、Key3指定第2行、第3行的排序关键行或列。
Order1 ：指定Key1指定值的排列顺序（请参照下表）。
Header ：指定首行的用法（请参照下表）。

● 参数 **Order** 的设定值

设定值	说明
xlAscending	升序：从小到大
xlDescending	降序：从大到小

● 参数 **Header** 的设定值

设定值	说明
xlYes	设定首行为标题行
xlNo	不设定首行为标题行
xlGuess	Excel自动判断有无标题行

以下示例中，将含A3单元格的表格中"拼音"列按字母升序排序。

228

様本 **按字母顺序排序**

06-02-01.xlsm

```
Sub 按字母顺序排序()
    Range("A3").Sort _
        Key1:=Range("C3"), _
        Order1:=xlAscending, _
        Header:=xlYes
End Sub
```

指定排序关键列

升序

设定表格首行为标题行

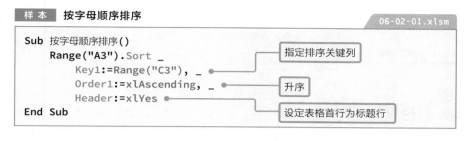

指定两个排序关键行或列

在代码中指定两个排序关键行或列时VBA中的代码是从上到下的顺序执行所以，在以下示例中，先按"级别"排序，再按"年龄"排序。

様本 **按级别排序后再按年龄排序**

06-02-02.xlsm

```
Sub 级别序_年龄序()
    Range("A3").Sort _
        Key1:=Range("D3"), _
        Order1:=xlAscending, _
        Key2:=Range("E3"), _
        Order2:=xlDescending, _
        Header:=xlYes
End Sub
```

级别列以升序排列

年龄列以降序排列

设定表格首行为标题行

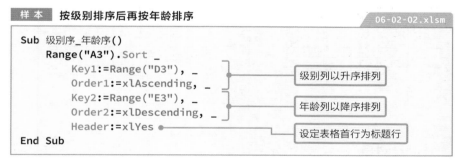

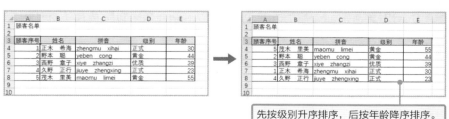

先按级别升序排序，后按年龄降序排序。

第 6 章 数据的排序与提取

笔记

升序是指从小到大排列，具体内容是数值［小→大］，日期［旧→新］，英文字母［A→Z］，汉字按拼音［A→Z］。降序相反。

指定排序范围

为表格排序时，可以指定表格内的1个单元格，即可指定含该单元格的整个表格。表格中有合计行，或标题与表格相邻时，需要事先指定"**排序对象单元格区域**"，再进行排序。

样本 指定排序对象范围（单元格区域）后排序　　　　　06-02-03.xlsm

```
Sub 按金额降序排列()
    Range("A2:E7").Sort _
        Key1:=Range("E2"), Order1:=xlDescending, _
        Header:=xlYes
End Sub
```

	A	B	C	D	E	F
1	销售额表					
2	No	销售日期	分店	数量	金额	
3	1	2019/03/01	新宿	2	10,800	
4	2	2019/03/02	青山	4	34,560	
5	3	2019/03/03	青山	2	21,760	
6	4	2019/03/04	涩谷	1	5,400	
7	5	2019/03/05	银座	3	32,640	
8			合计	12	105,160	
9						
10						
11						

	A	B	C	D	E	F
1	销售额表					
2	No	销售日期	分店	数量	金额	
3	2	2019/03/02	青山	4	34,560	
4	5	2019/03/05	银座	3	32,640	
5	3	2019/03/03	青山	2	21,760	
6	1	2019/03/01	新宿	2	10,800	
7	4	2019/03/04	涩谷	1	5,400	
8			合计	12	105,160	
9						
10						
11						

Sort对象

Sort对象与前面介绍的Sort方法不同，Sort对象可以完成如下具体内容的排序。

- 可以按文字颜色、条件格式图标等排列数据。
- 可以指定4个以上排序关键行或列（Sort方法最多可指定3个）。

具体使用方法是，先用Worksheet对象的Sort属性获取**Sort对象**，再对该对象设定排序条件。

样 本 用Sort对象按拼音序排列数据

`06-02-04.xlsm`

```
Sub 按拼音序排列()
    With Worksheets(1).Sort      ●──①
        .SortFields.Clear      ●──②
        .SortFields.Add Key:=Range("C3"), _
            SortOn:=xlSortOnValues, Order:=xlAscending     ●──③
        .SetRange Range("A3").CurrentRegion     ●──④
        .Header = xlYes     ●──⑤
        .Apply     ●──⑥
    End With
End Sub
```

①指定执行排序操作的对象工作表（上示例中是首个工作表）。

②使用Clear方法删除已保存的排序设定。

③使用SortFields集合的Add方法获取SortFields对象，对该对象指定排序条件。SortFields对象可以保存排序的设置，参数的含义请参看下页。

④用SetRange方法指定排序对象（单元格区域）。

⑤用Header属性指定表格首行是否为标题行。

⑥用Apply方法执行排序操作。

● SortFields.Add方法的主要参数

参数	内容
Key	排序关键列
SortOn	指定排序基准（值、单元格颜色、字体颜色、图标）。指定值请参看下表
Order	设定升序或降序

● 参数*SortOn*的设定值

设定值	内容
xlSortOnValues	设置值为排序基准
xlSortOnCellColor	设置单元格颜色为排序基准
xlSortOnFontColor	设置字体颜色为排序基准
xlSortOnIcon	设置图标为排序基准

第6章 数据的排序与提取

231

前页示例中的代码"SortOn:=xlSortOnValues"，表示以单元格内的值为基准排列数据。

对多个列排序时，使用❸中的**SortFields.Add方法**添加排序设置。例如，在上述表格中，按性别（降序）→字母（升序）排序代码如下。

样本　**按性别排序后按字母排序**

```
（略）
    .SortFields.Add Key:=Range("D3"), _
        SortOn:=xlSortOnValues, Order:=xlDescending
    .SortFields.Add Key:=Range("C3"), _
        SortOn:=xlSortOnValues, Order:=xlAscending
（略）
```

03 特殊规则排序

使用参数指定特殊规则

需要以升序或降序之外的要求排序时，用户可以自定义特殊排序序列。例如，将顾客按 "优质""黄金""正式" 的级别进行3级管理，以 "优质→黄金→正式"特殊规则排列时，使用**SortFields集合Add方法**中的*CustomOrder*参数设置特殊规则。

该参数中，以字符串形式指定排序关键字，各顺序之间用 ","（ , ）分隔，如 ""优质,黄金,正式""。

以下示例中，顾客级别以优质、黄金、正式顺序排列。

样本 **特殊规则排序**

06-03-01.xlsm

```
Sub 特殊规则排列()
    With Worksheets(1).Sort
        .SortFields.Clear
        .SortFields.Add Key:=Range("E3"), _
            SortOn:=xlSortOnValues, _
            Order:=xlAscending, _
            CustomOrder:="优质,黄金,正式"
        .SetRange Range("A3").CurrentRegion
        .Header = xlYes
        .Apply
    End With
End Sub
```

> **笔记**
>
> 关于Sort对象的SortFields集合的具体使用方法，请参看**p.247**。

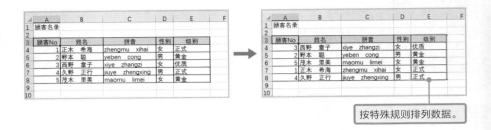

按特殊规则排列数据。

使用Sort方法执行特殊规则排序

使用**Sort方法**按特殊规则排列数据时，需要用已保存到Excel"**编辑自定义列表**"中的序列。因此，事先需要将特殊规则保存到编辑自定义列表中。

下面介绍如何编辑自定义列表。按下列顺序制作都道府县一览，并添加到自定义序列中。一旦保存到自定义序列中，同一工作簿中的其他代码程序也可以引用。

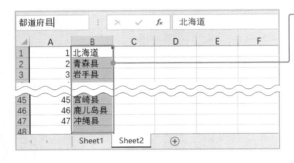

① 在工作表内输入用于排序的都道府县名，并选择全部内容。

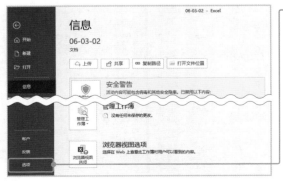

② 选择［文件］→［选项］选项，打开［Excel选项］对话框。

234

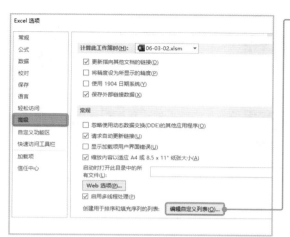

❸ 单击［高级］→［编辑自定义
列表］按钮。

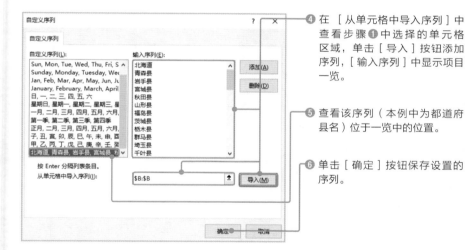

❹ 在［从单元格中导入序列］中
查看步骤❶中选择的单元格
区域，单击［导入］按钮添加
序列，［输入序列］中显示项目
一览。

❺ 查看该序列（本例中为都道府
县名）位于一览中的位置。

❻ 单击［确定］按钮保存设置的
序列。

准备工作结束，本次保存的自定义序列位于一览中的第13位次。VBA代
码中使用自定义序列排序如下。

```
Sub 使用自定义列表排列()
    Range("A3").CurrentRegion.Sort _
        Key1:=Range("D3"), Order1:=xlAscending, _
        OrderCustom:=13, _           指定排序用序列号
        Header:=xlYes
End Sub
```

235

提取数据

04 自动筛选

扫码看视频

AutoFilter方法的基本用法

自动筛选是**Excel的一个特色功能，可以提取和排列数据**。在VBA中使用Excel的自动筛选时，需要使用AutoFilter方法。

格式 >> **AutoFilter方法**

```
Range对象.AutoFilter(
    [ Field ] , [ Criteria1 ] , [ Operator ] , [ Criteria2 ] ,
    [ VisibleDropDown ]
)
```

参数

Field	: 使用列号指定设定条件的列（从表格左侧开始1、2、3……）。
Criteria1	: 指定提取条件。
Operator	: 指定提取条件的类型（请参照下表）。
Criteria2	: 指定第2个提取条件（仅限参数Operator中指定xlAnd或xlOr时）。
VisibleDropDown	: 通过True或False指定自动筛选按钮的显示/隐藏。省略时的默认值为True。

● 参数*Operator*的主要设定值

设定值	内容
xlAnd	参数*Criteria1*且*Criteria2*
xlOr	参数*Criteria1*或*Criteria2*
xlTop10Items	表格前10项
xlBottom10Items	表格后10项
xlTop10Percent	表格前百分之10
xlBottom10Percent	表格后百分之10
xlFilterCellColor	单元格颜色
xlFilterFontColor	文字颜色
xlFilterIcon	条件格式图标

在参数*Criteria1*和*Criteria2*中指定"**提取条件**"。可以使用比较运算符和通配符，如下所示。

● 参数*Criteria1*和*Criteria2*的主要设定值

代码例	意义
"=10"	等于10
"<>10"	不等于10
">=10"	大于等于10
">10"	大于10
"<=10"	小于等于10
"<10"	小于10
"="	空白单元格

代码例	意义
"分店"	等于"分店"（完全一致）
"*分店*"	包含"分店"（部分一致）
"*分店"	"分店"在末尾（末尾一致）
"<>分店"	非"分店"
"<>*分店*"	不包含"分店"
"??分店"	任意2文字+"分店"
"<>"	非空白单元格

AutoFilter方法省略全部参数后，执行VBA时，将自动切换自动筛选的On/Off。

> **实用的专业技巧！　通配符**
>
> 以上示例提取条件中的"*"和"?"，在VBA中称为"**通配符**"，作为特殊字符使用（p.77）。
> 指定""*分店""，"*"代表任意个字符，"原宿分店"（4字符），"六本木分店"（5字符），"新宿三丁目分店"（7字符）均为True。此处需要注意如果是"分店"（2字符）也是True。指定""?分店""后，只有3个字符的分店名为True。

下面使用"实际销售业绩表"介绍提取数据的方法。

	A	B	C	D	E
1	实际销售业绩表				
2					
3	NO	姓名	分店	销售额	
4	1	山崎　纪子	新宿三丁目分店	45,000	
5	2	市川　幸次	涩谷本店	86,500	
6	3	野野村　京子	新宿东分店	128,000	
7	4	村上　直美	原宿分店	28,000	
8	5	木下　真子	涩谷本店	355,000	
9	6	田口　伸介	涩谷东分店	76,500	
10	7	元木　久美	六本木分店	256,000	
11	8	川野　芳子	西新宿分店	105,000	
12	9	桥本　千夫	六本木分店	95,000	
13	10	田中　杏	原宿分店	36,000	
14					

完全一致

从实际销售业绩表中**提取分店名为"原宿分店"的数据**。分店名位于表格第3列，指定代码为Field:=3。

```
Sub 完全一致()
    Range("A3").AutoFilter Field:=3, Criteria1:="原宿分店"
End Sub
```

	A	B	C	D	E
1	实际销售业绩表				
2					
3	N▼	姓名 ▼	分店 ▼	销售额 ▼	
7	4	村上　直美	原宿分店	28,000	
13	10	田中　杏	原宿分店	36,000	

提取原宿分店的数据。

> **笔 记**
> 使用Range对象指定1个单元格时，含该单元格在内的当前单元格区域全部为提取对象。

部分一致

提取分店名中含有"原宿"字符的数据时，如"新宿三丁目分店""新宿东分店""西新宿分店"，使用通配符*设置部分一致的条件。

```
Sub 部分一致()
    Range("A3").AutoFilter Field:=3, Criteria1:="*新宿*"
End Sub
```

	A	B	C	D	E
1	实际销售业绩表				
2					
3	N▼	姓名 ▼	分店 ▼	销售额 ▼	
4	1	山崎　纪子	新宿三丁目分店	45,000	
6	3	野野村　京子	新宿东分店	128,000	
11	8	川野　芳子	西新宿分店	105,000	
14					

提取分店名中含有"原宿"字符的数据。

比较运算符

使用比较运算符**提取销售额大于10万日元的数据**。本示例代码的关键点是比较条件">=100000"。

提取销售额大于10万日元的数据

`06-04-03.xlsm`

```
Sub 提取销售额大于10万日元的数据
    Range("A3").AutoFilter Field:=4, Criteria1:=">=100000"
End Sub
```

	A	B	C	D	E
1	实际销售业绩表				
2					
3	N	姓名	分店	销售额	
6	3	野野村 京子	新宿东分店	128,000	
8	5	木下 真子	涩谷本店	355,000	
10	7	元木 久美	六本木分店	256,000	
11	8	川野 芳子	西新宿分店	105,000	
14					

提取销售额大于10万日元的数据。

第6章 数据的排序与提取

OR条件

使用**OR条件**（至少符合其中一个条件）提取数据时，在参数*Operator*中设置xlOr，参数*Criteria1*和*Criteria2*中分别设置提取条件。以下示例中提取"**原宿分店或六本木分店**"的数据。

样 本 提取原宿分店或六本木分店的数据

`06-04-04.xlsm`

```
Sub OR条件()
    Range("A3").AutoFilter Field:=3, _
        Criteria1:="原宿分店", Operator:=xlOr, Criteria2:="六本木分店"
End Sub
```

	A	B	C	D	E
1	实际销售业绩表				
2					
3	N	姓名	分店	销售额	
7	4	村上 直美	原宿分店	28,000	
10	7	元木 久美	六本木分店	256,000	
12	9	桥本 干夫	六本木分店	95,000	
13	10	田中 杏	原宿分店	36,000	
14					

提取原宿分店或六本木分店的数据。

And条件

使用And条件（符合全部条件）提取数据时，在参数*Operator*中设置xlAnd。以下示例中提取"**销售额大于10万日元且小于20万日元**"的数据。

| 样 本 | 提取销售额大于10万日元且小于20万日元的数据 | 06-04-05.xlsm |

```
Sub AND条件()
    Range("A3").AutoFilter Field:=4, _
        Criteria1:=">=100000", Operator:=xlAnd, Criteria2:="<200000"
End Sub
```

▲	A	B	C	D	E
1	实际销售业绩表				
2					
3	N▾	姓名 ▾	分店 ▾	销售额▾	
6	3	野野村　京子	新宿东分店	128,000	
11	8	川野　芳子	西新宿分店	105,000	
14					

提取销售额大于10万日元且小于20万日元的数据。

跨项目使用And条件

自动筛选也可以按列提取数据。以下示例中提取满足"**分店名为六本木分店**"和"**销售额大于10万日元**"两个条件的数据。

| 样 本 | 提取销售额大于10万日元的六本木分店的数据 | 06-04-06.xlsm |

```
Sub 跨项目AND条件()
    Range("A3").AutoFilter Field:=3, Criteria1:="六本木分店"
    Range("A3").AutoFilter Field:=4, Criteria1:=">=100000"
End Sub
```

▲	A	B	C	D	E
1	实际销售业绩表				
2					
3	N▾	姓名 ▾	分店 ▾	销售额▾	
10	7	元木　久美	六本木分店	256,000	
14					
15					

提取销售额大于10万日元的"六本木分店"的数据。

提取空白单元格

提取未输入数据的"**空白单元格**"时，在参数*Criteria1*中设置代表空白单元格的"="。以下示例中**提取未输入销售额的数据**。

| 样 本 | 提取未输入销售额的数据 | 06-04-07.xlsm |

```
Sub 提取空白单元格()
    Range("A3").AutoFilter _
        Field:=4, Criteria1:="="
End Sub
```

▲	A	B	C	D	E
1	实际销售业绩表				
2					
3	N▼	姓名 ▼	分店 ▼	销售额▼	
5	2	市川 幸次	涩谷本店		
9	6	田口 伸介	涩谷东分店		
12	9	桥本 千夫	六本木分店		
14					
15					

提取未输入销售额（空白单元格）的数据。

第 6 章 数据的排序与提取

> **提示**
>
> 提取销售额前5位数据（从大到小）的代码，请参照**p.250**。

05 撤销自动筛选

AutoFilterMode属性

撤销AutoFilter方法设置的自动筛选（**p.236**）时，需要设定Worksheet对象的**AutoFilterMode属性**为False。

格 式 ≫ 撤销自动筛选

```
Worksheet对象.AutoFilterMode = False
```

设置AutoFilterMode属性的值为True时显示自动筛选，为False时隐藏自动筛选。

在AutoFilterMode属性中设置False后，自动筛选被撤销，显示全部数据，隐藏筛选按钮。

注意，**该属性不能直接设定为True值**。如果要显示自动筛选时，需要使用AutoFilter方法（**p.236**）。

以下是撤销当前工作表自动筛选的示例代码。

样 本 撤销自动筛选　　　　　　　　　　　　　　　　　06-05-01.xlsm

```
Sub 撤销自动筛选()
    ActiveSheet.AutoFilterMode = False
End Sub
```

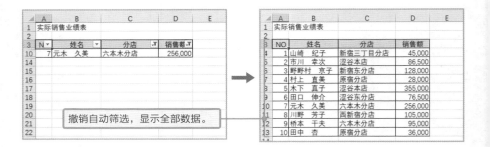

撤销自动筛选，显示全部数据。

242

自动筛选的执行与撤销——按钮版

在工作表中设置按钮，通过单击按钮实现自动筛选的执行与撤销。关于按钮的设置方法请参照p.16。

样 本 通过按钮切换自动筛选的执行与撤销　　　　　　　　`06-05-02.xlsm`

```
Sub 自动筛选的执行与撤销()
    '自动筛选为True时，单击按钮撤销
    If ActiveSheet.AutoFilterMode Then
        ActiveSheet.AutoFilterMode = False    '撤销自动筛选
        Exit Sub    '执行结束
    End If
    '自动筛选为False时，单击按钮提取数据
    Range("A3").AutoFilter Field:=3, Criteria1:="六本木分店"
    Range("A3").AutoFilter Field:=4, Criteria1:=">=100000"
End Sub
```

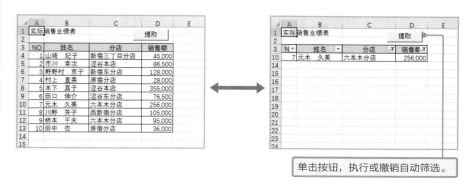

单击按钮，执行或撤销自动筛选。

另外，通过使用Worksheet对象的**ShowAllData方法**，可以在不撤销自动筛选的情况下，显示全部数据。

样 本 显示全部数据　　　　　　　　　　　　　　　　　`06-05-03.xlsm`

```
Sub 显示全部数据()
    '显示所有数据时提示出错
    '设置出错后继续
    On Error Resume Next
    ActiveSheet.ShowAllData
End Sub
```

06 在任意单元格内指定提取条件

在任意单元格内输入条件并执行提取数据

数据的提取条件每次均不同时，可在任意单元格内输入提取条件。下面介绍以C1和C2单元格中的值为数据提取条件（请参看**p.246**）提取数据的示例。代码很长，将分为3部分进行说明。

［A］声明变量并代入值。

［B］提取数据。

［C］获取提取出的数据个数以及最后的操作。

样 本　将单元格内的值作为提取条件　　　　　　　　06-06-01.xlsm

```
Sub 单元格内的值为提取条件()

'［A］声明变量并代入值
    Dim dRng As Range
    Dim Joken1 As String, Joken2 As String
    Dim cnt As Long
    ActiveSheet.AutoFilterMode = False
    Set dRng = Range("A4").CurrentRegion
    Joken1 = Range("C1").Value
    Joken2 = Range("C2").Value

'［B］提取数据
    If Joken1 <> "" And Joken2 = "" Then
        dRng.AutoFilter Field:=4, Criteria1:=">=" & Joken1
    ElseIf Joken1 = "" And Joken2 <> "" Then
        dRng.AutoFilter Field:=4, Criteria1:="<=" & Joken2
    ElseIf Joken1 <> "" And Joken2 <> "" Then
        dRng.AutoFilter Field:=4, Criteria1:=">=" & Joken1, _
            Operator:=xlAnd, Criteria2:="<=" & Joken2
    Else
        MsgBox "未设置条件"
        Exit Sub
    End If
```

```
'［C］获取提取的数据个数以及最后的操作
    cnt = dRng.Columns(1).SpecialCells(xlCellTypeVisible).Count - 1
    If cnt = 0 Then
        MsgBox "无符合条件的数据"
        ActiveSheet.AutoFilterMode = False
    Else
        MsgBox cnt & "个数据被找到"
    End If
    Set dRng = Nothing
End Sub
```

［A］部分

［A］部分中，在撤销自动筛选并显示全部数据的基础上，设定提取数据的条件。

样本　声明变量并代入值

06-06-01.xlsm

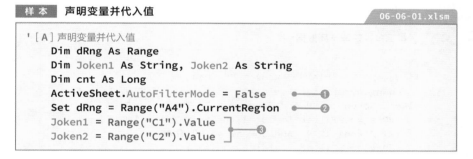

```
'［A］声明变量并代入值
    Dim dRng As Range
    Dim Joken1 As String, Joken2 As String
    Dim cnt As Long
    ActiveSheet.AutoFilterMode = False        ●───❶
    Set dRng = Range("A4").CurrentRegion       ●───❷
    Joken1 = Range("C1").Value  ┐
    Joken2 = Range("C2").Value  ┘●──❸
```

首先，在**AutoFilterMode属性**中代入False，撤销自动筛选，显示所有数据❶（p.242）。

其次，将含A4单元格的表格整体（当前激活单元格区域：p.119）代入变量dRng（操作对象）❷。

然后，将C1单元格的值代入变量Joken1（提取条件1），将C2单元格的值代入变量Joken2（提取条件2）❸。通过这一步，实现通过变更C1或C2单元格中的值，自由更改自动筛选的数据提取条件。

[B]部分

[B]部分中，使用If语句判断变量Joken1、变量Joken2中是否输入值，根据判定条件指定提取的数据。

样本 **根据条件提取不同数据**　　　　　　　　　　06-06-01.xlsm

```
' [B] 提取数据
    If Joken1 <> "" And Joken2 = "" Then
        dRng.AutoFilter Field:=4, Criteria1:=">=" & Joken1        ④
    ElseIf Joken1 = "" And Joken2 <> "" Then
        dRng.AutoFilter Field:=4, Criteria1:="<=" & Joken2        ⑤
    ElseIf Joken1 <> "" And Joken2 <> "" Then
        dRng.AutoFilter Field:=4, Criteria1:=">=" & Joken1, _
            Operator:=xlAnd, Criteria2:="<=" & Joken2             ⑥
    Else
        MsgBox "未设置条件"        ⑦
        Exit Sub
    End If
```

上述代码执行以下操作。

④只有Joken1中有输入值时，提取销售额"大于Joken1"的数据。

⑤只有Joken2中有输入值时，提取销售额"小于Joken2"的数据。

⑥变量Joken1和变量Joken2两者中都有输入值时，提取销售额"大于Joken1且小于Joken2"的数据。

❼非以上条件时（Joken1、Joken2两者均为空白），显示"未设置
条件"并终止程序。

[C] 部分

[C] 部分中，查询提取出数据的个数，个数为0或不为0时在对话框中
显示不同的信息。

| 样 本 | 在对话框中显示提取结果 | 06-06-01.xlsm |

```
' [ C ] 获取提取的数据个数以及最后的操作
    cnt = dRng.Columns(1).SpecialCells(xlCellTypeVisible).Count - 1    ●⑧
    If cnt = 0 Then
        MsgBox "无符合条件的数据"                                          ⑨
        ActiveSheet.AutoFilterMode = False
    Else
        MsgBox cnt & "个数据被找到"          ●⑩
    End If
    Set dRng = Nothing
End Sub
```

计算变量dRng第1列中可视单元格（处于显示状态的行）的行数，将减
去标题行1后的数字（数据个数）代入变量cnt⑧。变量cnt为0时，显示信息
"无符合条件的数据"，并撤销筛选⑨。变量cnt不为0时在对话框中显示具体
个数⑩。

提示

此处需要记住⑧中筛选后表格
中显示数据个数的计算方法。

第6章 数据的排序与提取

07

在输入框中设置提取条件

扫码看视频

在InputBox函数输入框中设置条件

使用InputBox函数，在打开的带输入框的对话框中指定自动筛选的提取条件。

样本 在输入框中指定提取条件　　　　　　　　06-07-01.xlsm

```
Sub 按输入的条件提取数据()
' [A] 声明变量并代入值
    Dim dRng As Range
    Dim Joken As String
    Dim cnt As Long
    ActiveSheet.AutoFilterMode = False        ❶
    Set dRng = Range("A4").CurrentRegion       ❷
    Joken = InputBox(Prompt:="请输入分店关键词", _
                     Title:="按分店提取")        ❸
' [B] 提取
    If Joken = "" Then Exit Sub        ❹
    dRng.AutoFilter Field:=3, Criteria1:="*" & Joken & "*"    ❺
' [C] 获取提取出的数据个数并显示在消息框内
    cnt = dRng.Columns(1).SpecialCells(xlCellTypeVisible).Count - 1
    If cnt = 0 Then
        MsgBox "无符合条件的数据"
        ActiveSheet.AutoFilterMode = False        ❻
    Else
        MsgBox cnt & "个数据被找到"
    End If
    Set dRng = Nothing
End Sub
```

将编写好的Sub过程与工作表上的［提取］按钮相匹配后执行。如何为按钮设置宏请参照p.16。

［A］部分

［A］部分代码表示，先撤销自动筛选显示所有数据❶，将含A4单元格

的表格整体（当前激活单元格区域： **p.119**）代入变量dRng❷，将在输入框
（InputBox函数）中输入的字符串（提取条件）代入变量Joken❸。

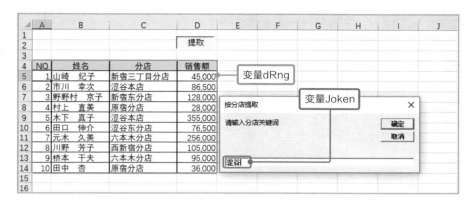

［B］部分

［B］**部分**中，以变量Joken的值作为提取条件执行自动筛选。

首先，通过If语句判断变量Joken的值是否为空，为空时终止操作❹。

不为空时，以字符串为提取条件执行自动筛选❺。本示例中，在变量
Joken值的前后使用了通配符*（表示任意多个字符串：**p.77**），代码为 ""*"
&Joken& "*""。

［C］部分

［C］**部分**中，查询提取出数据的个数，个数为0与不为0时显示不同的
信息内容❻。查询数据个数代码的具体内容请参照**p.246**。

> 提取出的数据个数等于表格中第
> 1列"可视单元格的数量"减1
> （标题行）。

08 提取数据

将提取结果输出到其他工作表

Sample_Data/06-08/

扫码看视频

输出自动筛选的结果

使用**Copy方法**可以将自动筛选出的数据复制到其他工作表中。

下面介绍如何提取"实际销售业绩"工作表中的销售额位于前5位的数据，并将这些数据输出到新建工作表中。

本示例代码大体分为2部分。

[A] 执行自动筛选，提取数据。

[B] 将提取出的数据复制到新建工作表中并进行调整，撤销"实际销售业绩"工作表中的自动筛选。

样本 提取数据并输出到其他工作表

06-08-01.xlsm

```
Sub 将提取数据输出到其他工作表()

'［A］声明变量并执行自动筛选
    Dim dRng As Range
    Set dRng = Worksheets("实际销售业绩").Range("A3").CurrentRegion    ●❶
    dRng.AutoFilter Field:=4, _
            Criteria1:="5", Operator:=xlTop10Items    ●❷

'［B］复制提取结果并排序
    dRng.Copy Destination:=Worksheets _
            .Add(After:=ActiveSheet).Range("A3")    ❸
    Range("A3").Sort Key1:=Range("D3"), _
            Order1:=xlDescending, Header:=xlYes    ❹
    '调整表格外观
    Columns("A:D").AutoFit    ●❺
    Range("A1").Value = "销售Top5"    ●❻
    Worksheets("实际销售业绩").AutoFilterMode = False    ●❼
End Sub
```

［A］部分

　　[A] 部分中，将［实际销售业绩］工作表中含A3单元格的表格整体（当前激活单元格区域：**p.119**）代入变量dRng**❶**，对该表格执行自动筛选操作提取数据。本例中提取"**前5位销售额**"，代码为"Criteria1:="5""和"Operator:=xlTop10Items"**❷**。

● ［A］部分操作内容

提取销售额位于前5的数据。

笔记

　　提取后5位（从小到大）数据时，设置参数*Operator*为xlBottom10Items。

［B］部分

　　[B] 部分中，在当前工作表后添加新建工作表，将代入变量的单元格区域（销售额前5位）中的数据复制到新建工作表的A3单元格中**❸**，并按销售额从大到小的顺序排列**❹**。

　　接下来调整表格外观，自动调整A～D列列宽**❺**，在A1单元格中输入"销售Top5"字符**❻**。

　　最后，撤销"实际销售业绩"工作表中的自动筛选**❼**。

第 6 章 数据的排序与提取

● ［B］部分操作内容

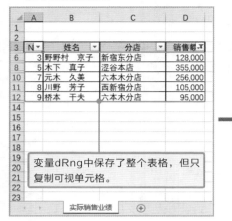

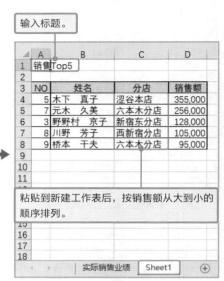

输入标题。

变量dRng中保存了整个表格，但只复制可视单元格。

粘贴到新建工作表后，按销售额从大到小的顺序排列。

🛠 **实用的专业技巧!** **执行自动筛选后如何复制表格**

· ·

以上示例中，即使执行自动筛选后表格被折叠，变量dRng中也引用的是整个表格内容。但是，当要复制该区域时只复制"可视单元格"（提取出的单元格）部分，并不是复制整个表格。执行Copy方法时，要确切知道需要复制的具体范围。

09 在高级筛选中设置详细条件

高级筛选的基本操作

高级筛选是指使用工作表上的记录的"**检索条件范围（记录条件的单元格区域）**"执行提取数据操作的Excel功能。该功能和自动筛选（**p.236**）相比，能够指定更为复杂的条件。也可以**将提取结果输出到其他地方**。

在VBA中启用高级筛选功能时，使用**AdvancedFilter方法**。

格 式 ≫ **AdvancedFilter方法**

```
Range对象.AdvancedFilter(
    Action, [ CriteriaRange ], [ CopyToRange ], [ Unique ]
)
```

参数 | *Action* ：指定提取数据的输出位置。
输出在表格内：xlFilterInPlace
输出到其他表格：xlFilterCopy

CriteriaRange ：指定条件区域（记录条件的单元格区域）。省略该参数时，显示所有数据。

CopyToRange ：参数*Action*中指定xlFilterCopy时，用该参数指定提取结果的输出位置（单元格区域）。

Unique ：指定与查找条件一致的重复记录的用法（参照下表）。

● 参数*Unique*的指定值

指定值	说明
True	忽略重复记录
False（默认值）	提取重复记录

下面通过"销售额表"和"条件区域"介绍如何执行AdvancedFilter方法。

在销售额表中的A4单元格中设置"**销售额No**"名称。在条件区域的
K1单元格中设置"**提取条件**"名称。在VBA代码中可以通过这些名称引用
单元格。

● **销售额表（列表区域）**

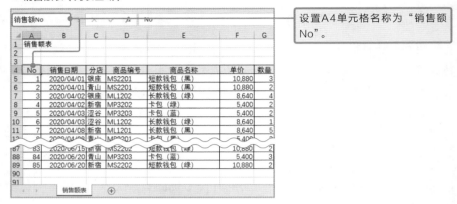

设置A4单元格名称为"销售额
No"。

● **条件区域**

设置K1单元格名称为"提取
条件"。

在AdvancedFilter方法的参数CriteriaRange中指定上述条件区域后，销售
额表数据中符合以下两个条件之一的数据将被提取。

- 销售日期在2020/04/01～4/10之间，且在"新宿"分店售出。
- 销售日期在2020/04/01～4/10之间，且在"青山"分店售出。

使用高级筛选提取数据的代码如下所示。

样本 使用高级筛选提取数据

`06-09-01.xlsm`

```
Sub 高级筛选()
    Range("销售额No").CurrentRegion.AdvancedFilter _
        Action:=xlFilterInPlace, _          ●──❶
        CriteriaRange:=Range("提取条件").CurrentRegion   ●──❷
End Sub
```

❶在表格内显示检索结果。

❷指定条件区域。

提取满足条件区域内设定条件的数据。

专栏 如何制作条件区域

条件区域制作方式如下。

1）在第1行中输入要查找的项目，项目名与查找对象表格内的（列表区域）列名相同。以上示例中，指定的列名是"销售日期"和"分店"。

2）指定的条件为某一期间时，如"销售日期"，需要2项。

3）AND条件记录在同一行上，OR条件记录在不同行上。

4）条件区域中有空白行时，提取全部数据。

5）条件为字符串时，例如"新宿"，意味着"以新宿开头"。如果想查找完全一致的内容，例如不包含"新宿东"，应为"="=新宿""。

● AND条件

销售日期为"2020/04/01后"且"2020/04/10前"

● OR条件

分店为"新宿"或"青山"

10 去除重复数据

扫码看视频

去除重复数据

上节介绍的AdvancedFilter方法（**p.253**）的参数Unique中设置为True时，可以**去除提取出数据中的重复数据**，提取唯一数据。

下面使用上一节中的销售额表介绍提取分店名，去掉重复数据，制作分店一览表的方法。

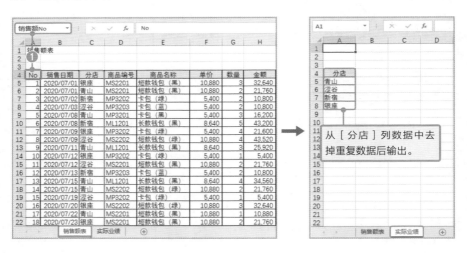

与上节相同，在销售额表中设置A4单元格名称为"**销售额No**" ❶，在VBA中使用该名称从该表中提取数据。

［A］确认工作簿中是否有"实际业绩"工作表，如果有请删除。

［B］没有或删除后，在"销售额表"后添加一个新建工作表，并命名为［实际业绩］。

［C］提取含A4单元格（"销售额No"名称单元格）的表格中C列的数据，并去掉重复数据，提取结果输出到当前工作表（"实际业绩"工作表），以A4单元格为首行。

［D］按升序排列A4单元格。

从"销售额表"中提取分店名，去掉重复店名 `06-10-01.xlsm`

```
Sub 去除重复提取数据()
    '[A]防止出现重复的"实际业绩"工作表
    Dim ws As Worksheet
    For Each ws In Worksheets
        If ws.Name = "实际业绩" Then
            Application.DisplayAlerts = False
            ws.Delete
            Application.DisplayAlerts = True
        End If
    Next

    '[B]添加新建工作表"实际业绩"
    Worksheets.Add(after:=Worksheets("销售额表")).Name = "实际业绩"

    '[C]去掉提取结果中的重复数据，并输出到"实际业绩"工作表
    Range("壳上No").CurrentRegion.Columns("C").AdvancedFilter _
        Action:=xlFilterCopy, _
        CopyToRange:=Range("A4"), _            ❶
        Unique:=True

    '[D]对输出的结果排序
    Range("A4").CurrentRegion.Sort _
        Key1:=Range("A4"), Order1:=xlAscending, Header:=xlYes
End Sub
```

上述代码中，以所有记录为对象提取唯一数据，省略了AdvancedFilter方法中的参数*CriteriaRange*，设置参数*Unique*为True。在参数*Action*中设置xlFilterCopy方便数据输出到其他位置，在参数*CopyToRange*中指定输出位置的首行单元格❶（关于AdvancedFilter方法的格式请参照**p.253**，Sort方法的格式请参照**p.228**）。

Sample_Data/06-11/

扫码看视频

11

编写"简易版"数据提取系统

本节中，使用 **AdvancedFilter方法**编写一个简单的数据提取系统，从源数据表格中提取目标数据。"系统"看上去有些难，但实际构造十分简单。制作完成后，可以提高工作效率。我们根据自己的工作需要灵活运用。

"简易版"数据提取系统

本节的"简易版"数据提取系统，按以下步骤提取符合条件的数据。

1）在"设置提取条件"工作表的C4：C6单元格区域，以及在E6单元格中输入提取条件，单击 [提取] 按钮。

2）把输入的提取条件修改为高级筛选（**p.269**）中使用的形式，并复制到A36:D36单元格区域。

3）将A35:D36单元格区域作为条件区域，从"销售额表"工作表中的销售额表格中提取数据。

4）添加新建工作表，记入提取结果，调整列宽。

在C4:C6单元格区域以及在E6单元格中输入提取条件。

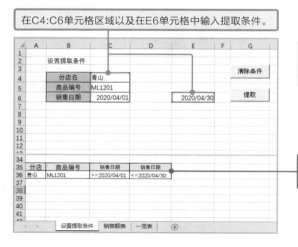

提示

这里使用的销售额表与上一节中的表相同。

将输入的提取条件，修改为高级筛选中使用的形式，并复制。

活用"数据输入规则"功能

在"设置提取条件"工作表的C4单元格中输入"分店名",C5单元格中输入"商品编号"。在提取条件中输入字符串时需要注意,一旦输入错误就无法得到正确的提取结果。

如分店名和商品编号这种规定好的字符串,建议大家使用Excel的"**数据验证**"功能。利用该功能后可以规定使用者只能从既有菜单中选择目的字符串,防止输入错误的字符串。本节的下载资料中已经设置了数据验证,其中使用了"一览表"中的"分店一览"和"商品一览"。

关于如何为单元格设置输入规则,请参看微软公司的帮助等。

利用输入规则功能,可以防止输入错误提取条件。

输入条件,提取符合条件的数据

接下来进行实战,编写"简易版"数据提取系统。代码很长,大致分成4部分进行讲解。

[A] 删除条件区域(A36:D36单元格区域)内的值。

[B] 获取 [设置提取条件] 工作表中输入的值,并复制到条件区域。

[C] 从 [销售额表] 工作表中提取数据。

[D] 将提取结果输出到新建工作表中。

本代码与 [提取] 按钮相关联。关于如何为特定按钮关联过程,请参照**p.16**。

```vba
Sub 提取数据 ()

' [ A ] 清除提取数据的表示栏
    Dim rng As Range
    Set rng = Worksheets("设置提取条件").Range("A36")
    rng.Resize(, 4).ClearContents

' [ B ] 获取提取条件
    rng.Value = Range("C4").Value
    rng.Offset(, 1).Value = Range("C5").Value
    '开始日期不为空时，将开始日期之后的日期作为提取对象
    If Range("C6").Value <> "" Then
        rng.Offset(, 2).Value = ">=" & Range("C6").Value
    End If
    '结束日期不为空时，将结束日期之前的日期作为提取对象
    If Range("E6").Value <> "" Then
        rng.Offset(, 3).Value = "<=" & Range("E6").Value
    End If
    '条件栏全部为空时，终止操作
    If WorksheetFunction.CountA(rng.Resize(, 4)) = 0 Then Exit Sub

' [ C ] 从 [ 销售额表 ] 工作表中提取数据
    Range("销售额No").CurrentRegion.AdvancedFilter _
            Action:=xlFilterInPlace, _
            CriteriaRange:=rng.CurrentRegion
    If Range("销售额No").CurrentRegion.Columns(1) _
        .SpecialCells(xlCellTypeVisible).Count - 1 = 0 Then
        MsgBox "无此数据"
        Worksheets("销售额表").ShowAllData
        Exit Sub
    End If

' [ D ] 提取的数据复制到新工作表
    Range("销售额No").CurrentRegion.Copy _
        Destination:=Worksheets _
            .Add(After:=Worksheets("销售额表")).Range("A3")
    Columns.AutoFit
    Worksheets("销售额表").ShowAllData
End Sub
```

❶ ❷ ❸ ❹ ❺ ❻

260

［B］部分

［B］部分中，获取输入到位于界面上半部分的［设置提取条件］中的值，并修改为高级筛选中的使用形式，复制到A36:D36单元格区域。设置销售日期时，先确认开始日期和结束日期处是否为空❶。不为空时，在日期前添加"">="或""<="，在提取条件中设定的期间。

- 只有C6单元格中（开始日期）有值→C6单元格中日期之后的日期为提取对象。
- 只有E6单元格中（结束日期）有值→E6单元格中日期之前的日期为提取对象。
- 两者都有值→C6单元格中日期之后，E6单元格中日期之前的日期为提取对象。

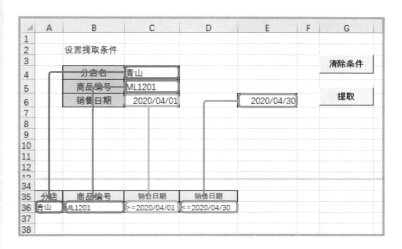

此外，当条件单元格区域中均为空时（条件数为0），即结束处理。

［C］部分

［C］部分中，从"销售额表"中提取符合设定的提取条件的数据❷。找不到符合条件的数据时（提取结果为0时），显示信息并终止操作❸。

AdvancedFilter方法的格式请参照**p.253**。

第6章 数据的排序与提取

［D］部分

［D］部分中，将提取结果输出到新建工作表。具体内容为，在"销售额表"工作表后添加新建工作表，并将提取结果输出到新建工作表的A3单元格上❹，并自动调整列宽❺。最后，显示"销售额表"工作表中的全部数据，终止操作❻。

另外，只有提取出的数据个数大于1时才执行该操作。

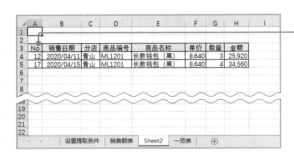

提取结果输出到新建工作表，以A3单元格为首行。

清除提取条件，撤销筛选

将以下过程关联到［清除条件］按钮中。单击该按钮后，C4：C6单元格区域以及E6单元格中的值和条件区域中的表达式等被统一删除。

样本　**为［清除条件］按钮关联过程**　　　　　　　　　06-11-01.xlsm

```
Sub 清除条件_撤销筛选()
    '删除提取条件
    Range("C4:C6,E6").ClearContents
    Range("A36").Resize(, 4).ClearContents

    '撤销筛选，显示［销售额表］工作表中的所有数据
    If Worksheets("销售额表").FilterMode Then
        Worksheets("销售额表").ShowAllData
    End If
End Sub
```

⸰ 笔记 ⸰

本示例中没有使用自动筛选，而是通过高级筛选（**p.253**）来查询，所以要使用FilterMode属性查看表格是否处于提取状态。只有该属性为True时，才能用ShowAllData方法显示所有数据。另外，FilterMode属性只能获取不能设置。我们要理解它与AutoFilterMode属性（**p.242**）的不同之处。

第 7 章

数据统计与分析

本章将详细介绍如何在VBA
中利用数据透视表和函数等功能，
统计分析数据。使用VBA的好处
之一是"可以高效处理大量数
据"。本章将为大家介绍更高级别
的实用技巧。

01 数据透视表

扫码看视频

数据透视表基础知识

数据透视表是**Excel中一种以数据库表格为基础制作而成的统计表**（关于数据库相关知识请参考**p.226**）。利用数据透视表功能可以快速制作各种统计表。

下面介绍如何在VBA中制作数据透视表，代码分为以下3部分。

［A］制作数据透视表缓存。

［B］制作数据透视表。

［C］添加字段。

［A］制作数据透视表缓存

数据透视表缓存是用来**保存工作簿中的数据透视表数据源的地方**。通过这些保存在数据透视表缓存中的信息完成数据透视表的制作。

使用PivotCaches集合的**Create方法**制作数据透视表缓存，下面介绍该方法的主要参数。

格 式 》》 **Create方法**

```
Workbook对象.PivotCaches.Create(
    SourceType, ［SourceData］
)
```

参数 | SourceType：指定数据透视表中数据源类型。
SourceData：指定数据透视表中数据源的单元格区域。

● **参数SourceType的主要设定值**

设定值	内容
xlDatabase	Excel名单/数据库
xlConsolidation	多个工作表范围（多重数据源范围）
xlPivotTable	已有数据透视表版本号

[B] 制作数据透视表

制作完数据透视表缓存，接下来制作数据透视表。制作数据透视表与制作数据透视表缓存不同，需要用PivotCache对象的**CreatePivotTable方法**。执行该方法后，生成一个**"数据透视表框架"**。下面介绍该方法的主要参数。

格 式 》 CreatePivotTable方法

```
PivotCache对象.CreatePivotTable(
    TableDestination, [ TableName ]
)
```

参数 | *TableDestination*：指定数据透视表的左上方单元格。
| *TableName* ：指定数据透视表名称。

[C] 添加字段

制作好数据透视表的框架后，通过PivotField对象的**Orientation属性**，在框架中添加**"字段（实际数据）"**。

通过PivotTable对象的**PivotField方法**获取PivotField对象。按以下格式为数据透视表添加字段。

格 式 》 Orientation属性

```
PivotTable对象.PivotFields("字段名") _
    .Orientation = 设定值
```

在Orientation属性中指定**"添加字段的区域"**。

● Orientation属性的设定值

设定值	内容
xlPageField	页区域
xlRowField	行区域
xlColumnField	列区域

设定值	内容
xlDataField	数据区域
xlHidden	删除字段

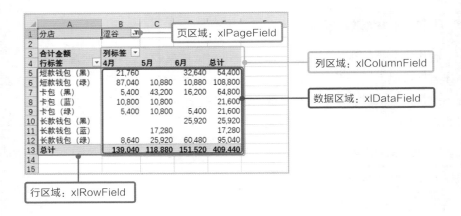

页区域：xlPageField

列区域：xlColumnField

数据区域：xlDataField

行区域：xlRowField

☑PivotTable对象的AddDataField方法

数据透视表数据区域是指需要**统计的字段**。在数据区域中添加字段时，也可以用PivotTable对象中的**AddDataField方法**。**该方法既可以指定统计方法，也可以指定标签文字。**

格式 ❯❯ **AddDataField方法**

```
PivotTable对象.AddDataField(
    Field，[ Caption ]，[ Function ]
)
```

参数 | Field ：指定添加到数据区域中的字段名。
Caption ：指定代表字段名的字符串。
Function ：指定统计方式（请参照下表）。

● 参数Function的设定值

设定值	内容	设定值	内容
xlSum	合计	xlAverage	平均值
xlMax	最大值	xlMin	最小值
xlCount	数据个数	xlCountNums	数值个数

制作基本数据透视表

接下来，我们实际制作一个数据透视表。

下面使用"销售额表"工作表中以A4单元格开头的表格（销售额表格），分别制作以分店/商品为关键字的销售额统计表。并将命令代码关联到工作表中的[制作数据透视表］按钮上后执行❶。

● **"销售额表"工作表中的销售额表格**

下列代码中，将制作好的数据透视表命名为PV01。制作数据透视表时，如果已有同名文件存在，将提示运行错误。因此，请大家确认打开的工作簿中没有名为PV01的数据透视表后再执行该操作。

> **笔 记**
>
> 同名数据透视表已存在时的代码，请参考**p.269**中的专栏。

```
Sub 制作数据透视表()
    Dim pc As PivotCache
    Dim pt As PivotTable

'[A]制作数据透视表缓存
    Set pc = ActiveWorkbook.PivotCaches.Create( _
                SourceType:=xlDatabase, _                        ❶
                SourceData:=Range("A4").CurrentRegion)

'[B]制作数据透视表"PV01"
    Set pt = pc.CreatePivotTable( _
                TableDestination:=Range("J4"), _                 ❷
                TableName:="PV01")

'[C]添加字段
    With pt
        .PivotFields("分店").Orientation = xlColumnField        ❸
        .PivotFields("商品名称").Orientation = xlRowField       ❹
        .AddDataField .PivotFields("金额"), "合计金额", xlSum   ❺
        .PivotFields("合计金额").NumberFormat="#,##0"           ❻
    End With

    Range("J4").CurrentRegion.Columns.AutoFit                    ❼
    Set pc = Nothing
    Set pt = Nothing
End Sub
```

❶以含A4单元格的表格（销售额表）为基础制作数据透视表缓存，并将其代入到变量pc中。

❷设置数据透视表名称为PV01，制作好的数据透视表放在以J4单元格为首的区域内，并将其代入变量pt。

❸添加"分店"字段到列区域。

❹添加"商品名称"字段到行区域。

❺添加"金额"字段到数据区域。字段名为"合计金额"，统计方法为合计（xlSum）。

❻设置"合计金额"字段的数值格式为"#,##0"。

❼自动调整制作好的数据透视表中的列宽。

　　执行以上代码后，将以"销售额表"工作表中的J4单元格为起点，生成数据透视表，如下所示。

> ┃ 笔记 ┃
>
> 本示例中将代码关联到了相关按钮，我们可以试着在VBE中按 F8 功能键逐行运行，查看表格和图表的详细制作过程。

G	H	I	J	K	L	M	N	O
视表								
量	金额		合计金额	列标签 ▾				
3	32,640		行标签 ▾	青山	涩谷	新宿	银座	总计
2	21,760		短款钱包（黑）	108,800	54,400	76,160	87,040	326,400
4	34,560		短款钱包（蓝）	21,760		54,400	54,400	130,560
2	10,800		短款钱包（绿）	108,800	108,800	65,280	43,520	326,400
2	10,800		卡包（黑）	27,000	64,800	10,800	21,600	124,200
1	8,640		卡包（蓝）	16,200	21,600	32,400		70,200
5	43,200		卡包（绿）	5,400	21,600	54,000	43,200	124,200
3	16,200		长款钱包（黑）	60,480	25,920	86,400	17,280	190,080
4	43,520		长款钱包（蓝）	25,920	17,280		43,200	86,400
4	21,600		长款钱包（绿）	34,560	95,040	34,560	77,760	241,920
2	17,280		总计	408,920	409,440	414,000	388,000	1,620,360
3	25,920							
2	21,760							
1	5,400							

以分店/商品名称为关键字的销售额统计表制作完成，该表格以J4单元格为起始单元格。

专栏　数据透视表的更新

试图制作一个与已有数据透视表名称相同的数据透视表时，系统将提示运行错误。为了预防此类错误发生，可以在代码中写入一行命令执行以下操作：已有同名数据透视表存在时更新该表（替换）。

更新时，在前页代码的基础上添加以下代码（详细内容请参看本书的下载文件）。

样本　制作或更新数据透视表　　07-01-02.xlsm

```
'将数据透视表PV01代入变量pt
    On Error Resume Next
    Set pt = ActiveSheet.PivotTables("PV01")
    On Error GoTo 0
'数据透视表PV01存在时，更新并结束
    If Not pt Is Nothing Then
        pt.PivotCache.Refresh    '更新数据透视表
        Exit Sub
    End If
'以下，与前页内容相同
```

第7章　数据统计与分析

使用Group方法对日期分组

制作一个以月份为关键字的数据透视表时，使用Range对象的**Group方法**对日期分组。该方法可以按月份、季度等单位实施分组。

按月份对日期分组

格 式 >> **Group方法**

Range对象.Group(*Periods*)

参数 | *Periods*：分组间隔需要通过Array函数以Boolean型数组形式指定。只有字段为日期时该参数有效。

● 参数*Periods*的*Array*函数数组内容与设定例

项目	说明
数组元素	Array(秒,分,时,日,月,季度,年)
设定例：按月	Array(False, False, False, False,True,False, False)
设定例：按年	Array(False, False, False, False,False,False, True)

　　数组元素为True时分组，为False时不分组。例如，以月为单位分组时，如前页所示，设置第5参数为True。

　　以下代码表示，添加一个"分析表"新工作表，并在新工作表中制作一个以"销售额表"为源数据的数据透视表。这次，**制作一个"销售日期"列按月份分组的销售额统计表**。同时，将该命令代码关联到工作表中的"制作数据透视表"按钮后执行。

样 本　制作以月份/商品名称为关键字的数据透视表　　　07-02-01.xlsm

```
Sub 制作月份商品名称关键字数据透视表()
    Dim ws As Worksheet
    Dim pc As PivotCache
    Dim pt As PivotTable

'［A］新建"分析表"工作表
    For Each ws In Worksheets
        '［分析表］工作表已经存在时删除
        If ws.Name = "分析表" Then
            Application.DisplayAlerts = False
            ws.Delete
            Application.DisplayAlerts = True
        End If
    Next
    '在"销售额表"工作表后添加"分析表"工作表
    Worksheets.Add(After:=Worksheets("销售额表")).Name = "分析表"

'［B］制作数据透视表
    Set pc = ActiveWorkbook.PivotCaches.Create( _
        SourceType:=xlDatabase, _
        SourceData:=Worksheets("销售额表") _
                        .Range("A4").CurrentRegion)          ①
    Set pt = pc.CreatePivotTable( _
        TableDestination:=Range("A3"), _
        TableName:="PV02")                                   ②
    With pt
        .PivotFields("分店").Orientation = xlPageField
        .PivotFields("销售日期").Orientation = xlColumnField
        .PivotFields("商品名称").Orientation = xlRowField
        .AddDataField .PivotFields("金额"), "合计金额", xlSum
        .PivotFields("合计金额").NumberFormat = "#,##0"
    End With
```

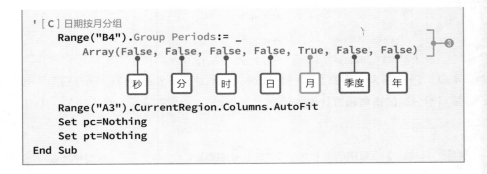

```
' [ C ] 日期按月分组
    Range("B4").Group Periods:= _
        Array(False, False, False, False, True, False, False)
```

秒　分　时　日　月　季度　年

```
    Range("A3").CurrentRegion.Columns.AutoFit
    Set pc=Nothing
    Set pt=Nothing
End Sub
```

［A］部分

［A］部分中，先将工作表逐个代入变量ws中查看名称，检查对象工作簿中是否存在名为"分析表"的工作表。如果查找到名为"分析表"的工作表则删除该表，并在"销售额表"后新建一个名为"分析表"的工作表。

［B］部分

［B］部分中，制作数据透视表。数据透视表缓存的数据源是"销售额表"工作表中的销售额表格❶。该部分的操作内容请参看p.268中的代码。［A］部分中新建的"分析表"工作表为当前工作表，指定当前工作表中的单元格A3为数据透视表位置，代码为"Range("A3")"❷。

［C］部分

［C］部分中，以月份为单位对"销售日期"字段中的值分组❸。

将上述命令代码关联到"销售额表"工作表中的"制作数据透视表"按钮并执行，新建"分析表"工作表，并在该工作表内生成以月份和商品名称为关键字的数据透视表。

03 制作指定分店的数据透视表

扫码看视频

在单元格内选择分店名

在前页中制作月份和商品名称关键字销售额表的基础上，添加一个新工作表"**统计菜单**"，并在该工作表中添加一个"**选择分店名**"功能。

在"统计菜单"工作表设置好的单元格内选择"**分店名**"，单击"**制作统计表**"按钮❶，自动制作该分店的月份和商品名称关键字销售额表（数据透视表）❷。

> 新建"<分店名>分析表"工作表，并制作所选分店的月份和商品名称关键字的销售额表。

以下示例中修改了前项示例（p.271）中的部分内容，本节仅针对修改部分进行说明，其他部分请参看前项示例的解说。另外，将命令代码关联到"统计菜单"工作表中的"制作统计表"按钮后执行。

```
Sub 制作分店的月份商品名称关键字数据透视表()
    Dim ws As Worksheet
    Dim pc As PivotCache
    Dim pt As PivotTable
    Dim sName As String    '用于工作表名或页区域
    sName = Range("C5").Value         ●①

'［A］制作"<分店名>分析表"工作表
    For Each ws In Worksheets
        '确认是否存在名称"sName& "分析表""（例如：涩谷分析表）
        If ws.Name = sName & "分析表" Then
            Application.DisplayAlerts = False
            ws.Delete                              ●②
            Application.DisplayAlerts = True
        End If
    Next
    '在"销售额表"工作表后制作"sName& "分析表""工作表
    Worksheets.Add(After:=Worksheets("销售额表")).Name _     ●③
        = sName & "分析表"

'［B］制作数据透视表
    Set pc = ActiveWorkbook.PivotCaches.Create( _
        SourceType:=xlDatabase, _
        SourceData:=Worksheets("销售额表") _
            .Range("A4").CurrentRegion)
    Set pt = pc.CreatePivotTable( _
        TableDestination:=Range("A3"), _
        TableName:="PVO3")
    With pt
        .PivotFields("分店").Orientation = xlPageField
        .PivotFields("销售日期").Orientation = xlColumnField
        .PivotFields("商品名称").Orientation = xlRowField
        .AddDataField .PivotFields("金额"), "合计金额", xlSum
        .PivotFields("合计金额").NumberFormat = "#,##0"
        '有分店被选定时，在页区域显示分店名
        If sName <> "" Then
            .PivotFields("分店").CurrentPage = sName     ●④
        End If
    End With

    Range("B4").Group Periods:= _
        Array(False, False, False, False, True, False, False)
    Range("A3").CurrentRegion.Columns.AutoFit
    Set pc = Nothing:Set pt = Nothing
End Sub
```

274

❶将C5单元格的值代入变量sName（该变量的值用于工作表名或页区域的选项中）。

❷变量ws中出现名为"sName&"分析表""（例如"涩谷分析表"）的工作表时，删除该表。

❸在［销售额表］工作表后添加新工作表，并命名为"sName&"分析表""。

❹选择分店后，页区域中显示分店名。不选择时，所有分店均列入统计对象。

使用**PivotField对象**的**CurrentPage属性**设置（参照前页例文）显示在页区域中的分店名，制作所选分店的月份和商品名称关键字销售额表（数据透视表）。**CurrentPage属性仅用于页区域字段**。

> **笔 记**
>
> 还可以通过直接输入的方式指定分店名（C5单元格），本示例中为防止因输入错误导致的运行错误，使用Excel的数据验证功能，设置为在下拉菜单中选择分店名。

第 7 章 数据统计与分析

◄► Excel +　数据透视表基础

Sample_Data/07-04/

04　指定时间区间

扫码看视频

在单元格中指定统计的开始日期与截止日期

本节将介绍如何使用"销售额表"中的销售日期，指定统计的开始日期与截止日期。

在C5单元格（条件1）内输入开始日期，D5单元格（条件2）内输入截止日期，单击"制作统计表"按钮后❶，新建工作表"区间统计"❷，并在其中制作所选时间区间内的分店和商品名称关键字统计表（数据透视表）❸，如下图所示。

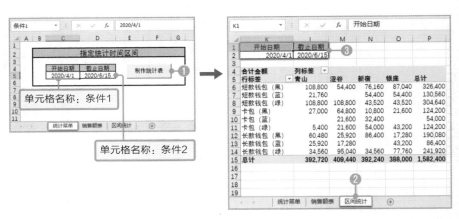

设置"统计菜单"工作表中的C5单元格的名称为"条件1"，D5单元格名称为"条件2"。同时设置"统计表"工作表中的A4单元格名称为"销售额No"。本节示例中，使用以上各单元格名称引用单元格。

276

☑ 操作流程

各部分操作内容如下。

[A] 从销售额表"销售日期"列数据区域获取最初和最后日期。

[B] 未正确指定开始日期与截止日期时执行的操作。

[C] 通过自动筛选方式提取开始日期与截止日期。

[D] 将提取结果复制到新建的 [区间统计] 工作表。

[E] 用复制的数据制作数据透视表。

[F] 制作显示统计区间的表格。

该示例内容比较长，下面分成了几个部分进行讲解，实际应该是一整套代码。

[A] 部分操作内容

[A] 部分是从"销售额表"工作表中获取最早和最新销售日期，并分别保存到变量date1和变量date2。

样本 从"销售额表"工作表中获取日期范围-[A] 部分

07-04-01.xlsm

```
Sub 区间统计()
    Dim dRng As Range '"销售日期"的数据范围
    Dim date1 As Date, date2 As Date    '数据中的最早和最新日期
    Dim ws As Worksheet
    Dim pc As PivotCache, pt As PivotTable

'[A]从"销售日期"数据范围内获取最早和最新日期
    With Range("销售额No").CurrentRegion.Columns(2)
        Set dRng = .Offset(1).Resize(.Rows.Count - 1)      ──❶
    End With
    date1 = Application.WorksheetFunction.Min(dRng)
    date2 = Application.WorksheetFunction.Max(dRng)         ──❷
                        ↓
                  下接 [ B ] 部分
```

❶获取含名称为"销售额No"（"销售额表"工作表的A4单元格）的表格的第2列（销售日期）中除标题行后的数据区域，并代入变量dRng。

❷将变量dRng中最早的日期代入变量date1，以同样方式将最新日期代入变量date2。这些值将在接下来的 [B] 部分中用于查验有效日期。

> **笔 记**
> 如何获取除标题行外的数据区域，请参照**p.120**。

■ [B] 部分操作内容

　　[B] 部分，规定当开始日期与截止日期未被正确指定时如何处理。检查开始日期与截止日期，使用If语句（**p.77**）区分操作。此处需要注意的是，**所有条件应为Not（为否）**。只有不满足以下所有条件时，才能继续进入 [C] 部分（满足任一条件时，显示对话框并结束操作）。

样 本　日期不正确时的处理-[B] 部分　　　　　`07-04-01.xlsm`

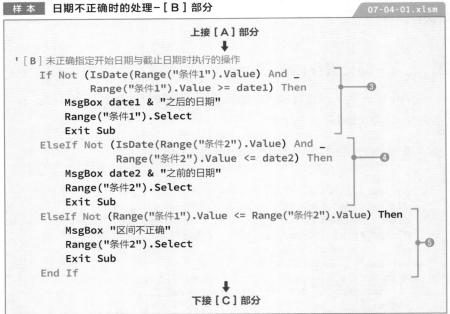

```
                        上接 [ A ] 部分
                            ↓
' [ B ] 未正确指定开始日期与截止日期时执行的操作
    If Not (IsDate(Range("条件1").Value) And _
            Range("条件1").Value >= date1) Then          ❸
        MsgBox date1 & "之后的日期"
        Range("条件1").Select
        Exit Sub
    ElseIf Not (IsDate(Range("条件2").Value) And _
                Range("条件2").Value <= date2) Then       ❹
        MsgBox date2 & "之前的日期"
        Range("条件2").Select
        Exit Sub
    ElseIf Not (Range("条件1").Value <= Range("条件2").Value) Then
        MsgBox "区间不正确"
        Range("条件2").Select                             ❺
        Exit Sub
    End If
                            ↓
                        下接 [ C ] 部分
```

❸不满足条件"单元格"条件1"内的值是日期数据，且是变量date1之后的日期"时，提示"指定date1之后的日期"，并选定"条件1"单元格，终止操作。

❹不满足条件"单元格"条件2"内的值是日期数据，且是变量date2之前的日期"时，提示"指定date2之前的日期"，并选定"条件2"单元格，终止操作。

❺不满足条件""条件1"中的日期前于"条件2"中的日期"时，提示"区间不正确"，并选定"条件2"单元格，结束操作。

278

不满足以下条件时，提示信息终止操作。

- 条件1是日期数据，且在最早日期之后
- 条件2是日期数据，且在最新日期之前
- 开始日期前于截止日期

[C] 部分操作内容

[C] 部分中，只显示"条件1"（开始日期）和"条件2"（截止日期）中指定的区间，通过自动筛选（**p.236**）提取数据。

样本 提取指定区间内的数据–[C] 部分

`07-04-01.xlsm`

上接 [B] 部分
↓
```
'[ C ]使用自动筛选提取开始日期与截止日期之间的数据
    Range("销售额No").AutoFilter _
        Field:=2, _
        Criteria1:=">=" & Range("条件1").Value, _
        Operator:=xlAnd, _
        Criteria2:="<=" & Range("条件2").Value
```
❻
↓
下接 [D] 部分

❻以含名称为"销售额No"的表格（"销售额表"工作表的数据库）为对象，自动筛选提取出第2列（销售日期）中位于"条件1"指定日期之后，且在"条件2"指定日期之前的数据。

[D] 部分操作内容

[D] 部分中，将上述自动筛选提取出的数据，复制到新建的［区间统计］工作表中。

如果已有同名文件，执行Add方法后提示运行错误。因此，在开头部分，使用For Each Next语句（**p.89**）检查是否已有新建的名为("区间统计")的工作表，如果有则删除。

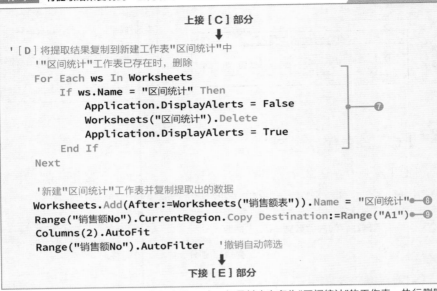

样本 将提取结果复制到"区间统计"工作表-[D]部分   07-04-01.xlsm

上接[C]部分
↓

```
'[D] 将提取结果复制到新建工作表"区间统计"中
    '"区间统计"工作表已存在时，删除
    For Each ws In Worksheets
        If ws.Name = "区间统计" Then
            Application.DisplayAlerts = False
            Worksheets("区间统计").Delete
            Application.DisplayAlerts = True
        End If
    Next

    '新建"区间统计"工作表并复制提取出的数据
    Worksheets.Add(After:=Worksheets("销售额表")).Name = "区间统计"  ⑧
    Range("销售额No").CurrentRegion.Copy Destination:=Range("A1")  ⑨
    Columns(2).AutoFit
    Range("销售额No").AutoFilter    '撤销自动筛选
```

下接[E]部分

⑦将工作簿内的全部工作表逐个代入变量ws中，如果其中有名为"区间统计"的工作表，执行删除操作。

⑧在"销售额表"工作表后新建工作表，并命名为"区间统计"（添加的新工作表［区间统计］为当前工作表）。

⑨将含名称为"销售额No"的表格（自动筛选提取出的单元格范围）复制到当前工作表中，A1单元格为起点。

[E]部分操作内容

[E]部分中，使用复制到新建工作表"区间统计"中的数据，制作数据透视表。

样本 制作数据透视表-[E]部分   07-04-01.xlsm

上接[D]部分
↓

```
'[E] 用复制的数据制作数据透视表
    Set pc = ActiveWorkbook.PivotCaches.Create( _
                SourceType:=xlDatabase, _
                SourceData:=Range("A1").CurrentRegion)
```
⑩

```
Set pt = pc.CreatePivotTable _
    (TableDestination:=Range("K4"), TableName:="PV")

With pt
    .PivotFields("商品名称").Orientation = xlRowField
    .PivotFields("分店").Orientation = xlColumnField
    .AddDataField .PivotFields("金额"), "合计金额", xlSum
    .PivotFields("合计金额").NumberFormat = "#,##0"
End With
```

⑪

⑫

↓

下接 [F] 部分

⑩以含A1单元格的表格（复制提取结果的表格）为对象制作数据透视表，并代入变量pc。

⑪以K4单元格为起点，制作名为"PV"的数据透视表，并代入变量pt。

⑫在制作好的数据透视表的行区域中添加"商品名称"，列区域中添加"分店"。在数据区域中添加"金额"（标签更改为"合计金额"），统计方法设置为合计（xlSum）。最后，设置"合计金额"的数值格式为#,##0。

第 7 章 数据统计与分析

- 笔记 -

数据透视表的基本制作方法请参看p.283。

[F] 部分操作内容

[F] 部分中，在数据透视表的上半部分制作一个表示统计区间的表格，以便了解统计区间。调整好表格格式后，用Application.Goto方法移动其到当前工作表中。

上接［E］部分
↓

```
'［F］制作表示统计区间的表格
    Range("K1:L1").Value = Array("开始日期", "截止日期")        ⑬
    Range("K2:L2").Value = Array(Range("条件1").Value, _        ⑭
        Range("条件2").Value)
    With Range("K1").CurrentRegion
        .Borders.LineStyle = xlContinuous
        .Rows(1).Interior.Color = rgbLightBlue              ⑮
        .Rows(1).HorizontalAlignment = xlCenter
    End With

    Columns.AutoFit        ⑯
    Application.Goto Range("K1"), True        ⑰
End Sub
```

⑬在K1：L1单元格区域中设定"开始日期"和"截止日期"。

⑭在K2：L2单元格区域中设定"条件1"和"条件2"的值。

⑮为含K1单元格的表格设置边框线，第1行单元格内填充浅蓝色背景，文字居中。

⑯自动调整工作表中的列宽。

⑰设置K1为当前单元格，以该单元格为起点向右下扩展（设Application.Goto方法（**p.178**）中的第2参数为True，将以目标单元格为起点自动向右下扩展）。

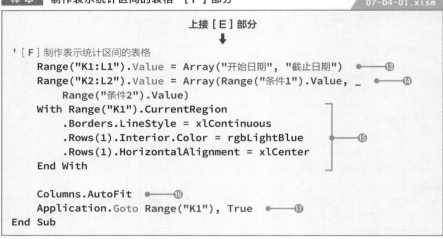

在数据透视表的上半部分添加条件1（开始日期）和条件2（截止日期），以K1单元格为起点，自动向右下扩展。

05 用SUM函数统计数据

扫码看视频

在VBA中调用工作表函数

我们可以在VBA中调用工作表函数（SUM函数或AVERAGE函数等）
（p.88）。

在VBA中调用工作表函数时，**需要将其当作WorksheetFunction对象的方法使用**。通过Application对象的**WorksheetFunction属性**获取WorksheetFunction对象。

例如，使用WorksheetFunction对象的Sum方法，可以计算指定单元格内值的和。

本节中示例为，统计"销售额表"工作表表格中数量和金额的和，并复制到"实际业绩"工作表的统计表格中。"销售额表"工作表的A4单元格中设置名称为"销售额No"（p.109）。

A4单元格的名称被设置为"销售额No"。

将数量与金额的和复制到"实际业绩"工作表。

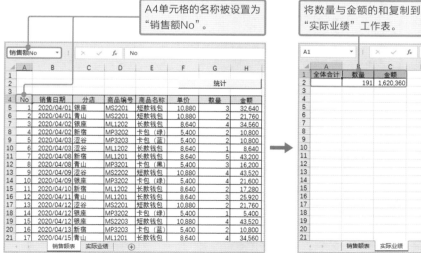

第 7 章　数据统计与分析

格 式 >> **Sum方法**

> WorksheetFunction.Sum（值、单元格或单元格范围）

　　返回参数指定的值或单元格的和，最多可指定30个参数。

　　在参数中指定数组或单元格区域时，计算其中数值的和（指定单元格区域时用**Range对象**）。

　　以下示例中，该代码被关联到［统计］按钮。

样本　**用Sum方法制作统计表**　　　　　　　　　　　　07-05-01.xlsm

```
Sub 统计全部()
    Dim dRng As Range
    '将"销售额表"的数据范围代入变量dRng
    With Range("销售额No").CurrentRegion
        Set dRng = .Offset(1).Resize(.Rows.Count - 1)
    End With
    '用Sum方法统计所有的数量和金额的和，并显示到"实际业绩"工作表
    With Worksheets("实际业绩")
        '"销售额表"第7列（G列）的和输出到统计表的单元格B2
        .Range("B2").Value = WorksheetFunction.Sum(dRng.
Columns(7))
        '"销售额表"第8列（H列）的和输出到统计表的单元格C2
        .Range("C2").Value = WorksheetFunction.Sum(dRng.
Columns(8))
        '设"实际业绩"工作表的单元格A1为当前单元格
        Application.Goto .Range("A1")
    End With
    Set dRng = Nothing
End Sub
```

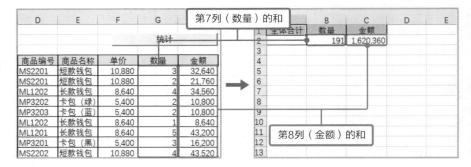

284

Sample_Data/07-06/

06

用SUMIF函数统计各分店数据

扫码看视频

指定提取条件后统计

WorksheetFunction对象的**SumIf方法**，和工作表函数中的**SUMIF函数**功能相同，都用来**指定提取条件并计算数量和金额的和**。

下面介绍以"销售额表"工作表中的表格为数据源，在"实际业绩"工作表的统计表格中统计各分店的数量和金额和的命令代码。"按分店"是提取条件，"销售额表"工作表的A4单元格设置有单元格名称"销售额No"。

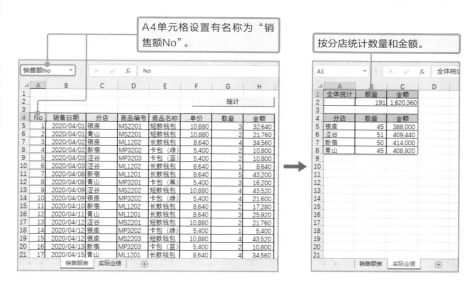

A4单元格设置有名称为"销售额No"。

按分店统计数量和金额。

格式 >> **SumIf方法**

WorksheetFunction.SumIf（单元格区域,提取条件,"合计范围"）

SumIf方法，从参数指定的**"单元格区域"**中，提取符合**"提取条件"**的行，并计算该行中**"合计范围"**中的值之和。省略**"合计范围"**时，**"单元格区域"**成为计算对象。

以下示例中，在表示查找对象的"**单元格区域**"中指定分店名，在表示合计计算对象的"**合计范围**"中指定数量列和金额列，完成按分店统计数据。

```
Sub 按分店统计()
    Dim dRng As Range, i As Integer
    '将销售额表中的数据代入变量dRng
    With Range("销售额No").CurrentRegion
        Set dRng = .Offset(1).Resize(.Rows.Count - 1)          ──❶
    End With

    '用SumIf函数求各分店的数量与金额合计
    With Worksheets("实际业绩")
        For i = 1 To 4          ──❷
          .Range("A4").Offset(i, 1).Value = WorksheetFunction.SumIf( _
                dRng.Columns(3), _
                .Range("A4").Offset(i).Value, _
                dRng.Columns(7))

          .Range("A4").Offset(i, 2).Value = WorksheetFunction.SumIf( _
                dRng.Columns(3), _
                .Range("A4").Offset(i).Value, _
                dRng.Columns(8))
        Next
        Application.Goto .Range("A1")          ──❸
    End With
    Set dRng = Nothing
End Sub
```

❶将含名称为"销售额No"（"销售额表"工作表中的A4单元格）的表格的数据范围代入变量dRng（之后，列入合计对象的数据范围全部通过变量dRng来引用）。

❷针对"实际业绩"工作表，在变量i中按顺序逐个代入1~4，执行For语句中的操作内容。该示例中，指定提取条件时，通过Offset属性以A4单元格为起点逐一向下移行，执行重复操作（查看"实际业绩"工作表一目了然，只有"银座""涩谷""新宿""青山"4个分店名）。

❸设"实际业绩"工作表中的A1单元格为当前单元格。

前页SumIf方法中，通过第一个SumIf方法计算各分店的数量和，第二个SumIf方法计算各分店的金额和。**两者的重点都在于，指定"销售额表"工作表的表格中的第3列（分店列）为条件范围。**和"提取条件"一样，通过更改"合计范围"，达到按分店统计两个值的目的。

"销售额表"工作表中的表格（变量dRng）的第3列（分店列）为"单元格区域"。

"销售额表"工作表中的表格（变量dRng）的第7列（数量列）为数量的合计范围。

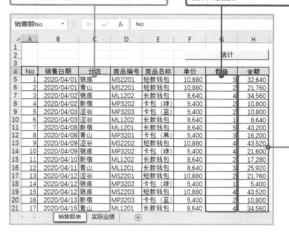

"销售额表"工作表中的表格（变量dRng）的第8列（金额列）为金额的合计区域。

"实际业绩"工作表中A4单元格的i列以下的值为提取条件。

在A4单元格的i列以下，2列以右的单元格中显示合计金额。

在A4单元格的i列以下，1列以右的单元格中显示数量金额。

07

将函数直接输入在
单元格中并执行统计

扫码看视频

自动适应数据更新

　　前面介绍的Sum方法（**p.283**）和SumIf方法（**p.285**）的**统计操作都是在程序内部执行的，如果源数据发生改变后不重新运行程序，无法得出正确的计算结果。**如果数据更新频度不高也没什么没问题，但如果更新频繁，每次都要重新运行程序就会带来很多不便。

　　此时，**在单元格中直接输入SUM函数和SUMIF函数进行统计，这种方法更方便。**该方法中，统计函数的算式被直接输入到单元格中，**一旦数据更新，计算结果也会随之自动更新。**

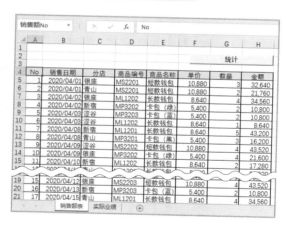

接下来介绍如何通过Formula属性将SUM函数和SUMIF函数直接设置在单元格内。

样本 **将SUM函数、SUMIF函数直接输入单元格中并进行统计** `07-07-01.xlsm`

```
Sub 自动更新销售额表中的统计()
  Dim dRng As Range, i As Integer
  '将销售额表中的数据部分代入变量dRng
  With Worksheets("销售额表").Range("A4").CurrentRegion
    Set dRng = .Offset(1).Resize(.Rows.Count - 1)
  End With

'［A］将SUM函数设置在全体统计表（B2、C2单元格）中
  With Worksheets("实际业绩")
    .Range("B2").Formula = _
      "=SUM(" & dRng.Columns(7).Address(External:=True) & ")"
    .Range("C2").Formula = _
      "=SUM(" & dRng.Columns(8).Address(External:=True) & ")"

'［B］将SUMIF函数设置在各分店统计表（B5:B8）和（C5:C8）中
    .Range("B5:B8").Formula = _
      "=SUMIF(" & dRng.Columns(3).Address(External:=True) & _
        ",A5," & dRng.Columns(7).Address(External:=True) & ")"
    .Range("C5:C8").Formula = _
      "=SUMIF(" & dRng.Columns(3).Address(External:=True) & _
        ",A5," & dRng.Columns(8).Address(External:=True) & ")"
    Application.Goto .Range("A1")
  End With
  Set dRng = Nothing
End Sub
```

［A］部分操作内容

［A］部分中，通过在"实际业绩"工作表的全体统计表（B2：C3单元格区域）内直接设置SUM函数，计算数量与金额的全体合计。如上所述，在Formula属性中设置工作表函数的表达式，该表达式被直接输入到对象单元格中。

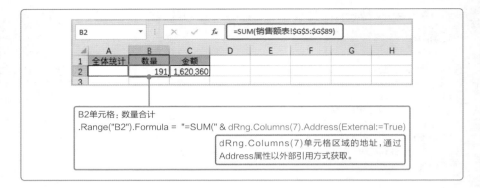

B2单元格：数量合计
.Range("B2").Formula = "=SUM(" & dRng.Columns(7).Address(External:=True)

dRng.Columns(7)单元格区域的地址，通过 Address属性以外部引用方式获取。

[B] 部分操作内容

[B] **部分**中，通过在"实际业绩"工作表中各分店的统计表（B5：B8单元格区域与C5：C8单元格区域）内直接设置SUMIF函数，统计各分店的数量与金额。与上述相同，直接在Formula属性中设置工作表函数的表达式。

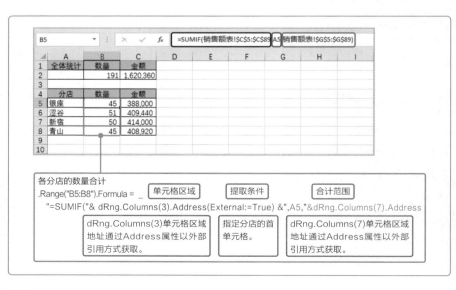

各分店的数量合计
.Range("B5:B8").Formula = _
"=SUMIF(" & dRng.Columns(3).Address(External:=True) &",A5,"&dRng.Columns(7).Address

单元格区域	提取条件	合计范围
dRng.Columns(3)单元格区域地址通过Address属性以外部引用方式获取。	指定分店的首单元格。	dRng.Columns(7)单元格区域地址通过Address属性以外部引用方式获取。

SUMIF函数的第1参数中设置指定的"**单元格区域**"（"销售额表"工作表C列）为检索对象。第2参数中提取出符合指定"**提取条件**"（"实际业绩"工作表A5单元格）的数据。第3参数中将指定的"**合计范围**"（"销售额表"工作表G列、H列）的统计结果记录到"实际业绩"工作表的指定位置内。

此处需要注意的是，第2参数应以固定数值来指定，如""A5""。 这样设置在单元格内的表达式中的值看上去固定在A5上，但实际上指定A5单元格后，单元格B6～B8中的表达式会自动调整为A6～A8。这部分内容较难理解，请大家先行记住（Formula属性：**p.124**）。

专栏

用Address属性获取范围

　　Range对象的Address属性按以下格式获取单元格或单元格区域地址（仅介绍主要参数）。

格 式 》》Address属性

```
Range对象.Address(
    [ RowAbsolute ] , [ ColumnAbsolute ] , [ External ]
)
```

　　省略所有参数后，将返回行、列的**绝对引用地址**，如"A1"。在上示例中引用其他工作表中的单元格时，设置参数External为Ture。
　　另外，以上示例中采用的是绝对引用，如果把参数RowAbsolute设为False，行的部分变为相对引用。把参数ColumnAbsolute设为False，列的部分变为相对引用。

第7章　数据统计与分析

08 以循环方式统计数据

扫码看视频

使用For Next语句统计

p.283 ~ p.287中介绍了使用工作表函数统计数据的方法，本节再介绍一种用For Next语句（用于执行"**循环**"）统计数据的方法。**该方法与工作表函数相比，代码比较简单，可以更快捷地实现目标操作。**

以下示例中，"销售额表"工作表中的数量和金额被统计到"分类统计"工作表中。同时，将本次命令代码关联到"分类统计"工作表的"**全体统计**"按钮（关联方法请参照**p.16**）。

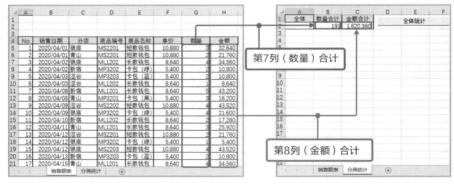

● "销售额表"工作表　　　　　　　● ［分类统计］工作表

第7列（数量）合计

第8列（金额）合计

样 本　以循环方式统计数据　　　　　　07-08-01.xlsm

```
Sub 全体统计()
    Dim dRng As Range              '保存表格中数据的单元格区域
    Dim cnt As Long                '保存数据个数
    Dim a1 As Long, a2 As Long     'a1：数量合计、a2：金额合计

'［A］将"销售额表"工作表中的数据部分代入变量dRng
    With Worksheets("销售额表").Range("A4").CurrentRegion
        Set dRng = .Offset(1).Resize(.Rows.Count - 1)    ●──❶
    End With
    cnt = dRng.Rows.Count          ●──❷
```

```
' [ B ] 以循环方式统计数量合计与金额合计
    Dim i As Long
    For i = 1 To cnt          ●——③
        a1 = a1 + dRng.Cells(i, 7).Value   '数量合计
        a2 = a2 + dRng.Cells(i, 8).Value   '金额合计        ④
    Next
' [ C ] 将统计值输出到 [ 分类统计 ] 工作表
    With Worksheets("分类统计")
        .Range("B2").Value = a1
        .Range("C2").Value = a2                    ⑤
    End With
End Sub
```

[A] 部分

[A] 部分中，获取“销售额表”工作表中除标题部分外的数据范围，并保存到变量dRng❶。从表格整体行数（.Rows.Count）中减去标题行，只获取数据部分（p.120）。

同时，获取该数据范围内的数据个数❷。该个数将在 [B] 部分的循环中使用。

[B] 部分

[B] 部分中，**通过For Next语句执行循环操作**，计算“销售额表”工作表中第7列（数量）和第8列（金额）的合计。变量i的值由1开始，执行循环操作直至值与变量cnt相同❸。期间，不断在变量a1和变量b1上加入第i行的单元格值❹。该代码的关键在于为变量a1代入“**现在自身的值（a1的值）与加上对象行的值之后的值**”，即“a1=a1+对象行值”。通过这种方式计算出合计值。

[C] 部分

[C] 部分中，将计算结果变量a1的值（数量合计）与变量a2的值（金额合计）复制到“分类统计”工作表的各单元格内❺。

09

以循环方式统计各分店数据

扫码看视频

使用For Next与Select Case统计各分店数据

前一节中，为大家介绍了如何分别统计"销售额表"工作表中"数量"列与"金额"列的合计值（**p.292**），本节中为大家介绍如何统计各分店的数据。

下列例文中，为每家分店设置一个保存合计值的变量，再使用**For Next语句**和**Select Case语句**进行统计。同时，将本次命令代码关联到"分类统计"工作表中的**"分店统计"**按钮（关联方法请参照**p.16**）。

● ［销售额表］工作表　　　　　　　　　● ［分类统计］工作表

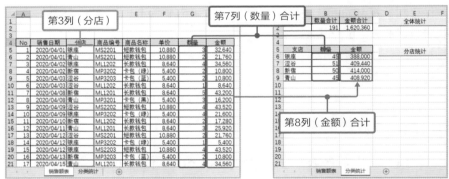

以下示例代码分为3部分。

［A］从"销售额表"工作表中提取数据。

［B］通过For Next语句执行循环操作后，再通过Select Case语句执行条件判断，统计各分店数据。

［C］将各分店的统计结果复制到"分类统计"工作表。

样本 以循环方式统计各分店数据 　　　　　　　　　　`07-09-01.xlsm`

```
Sub 按分店统计()
    Dim dRng As Range                  '用于保存销售额表数据的单元格区域
    Dim cnt As Long                    '用于数据个数
    Dim a1 As Long, a2 As Long         '银座店用（a1：数量、a2：金额）
    Dim b1 As Long, b2 As Long         '涩谷店用（b1：数量、b2：金额）
    Dim c1 As Long, c2 As Long         '新宿店用（c1：数量、c2：金额）
    Dim d1 As Long, d2 As Long         '青山店用（d1：数量、d2：金额）

    '［A］将销售额表中的数据部分保存到变量dRng
    With Worksheets("销售额表").Range("A4").CurrentRegion
        Set dRng = .Offset(1).Resize(.Rows.Count - 1)    ●──❶
    End With
    cnt = dRng.Rows.Count     ●──❷

    '［B］求各分店的数量合计与金额合计
    Dim i as Long
    For i = 1 To cnt    ●──❸
        '获取各行中的分店名
        Select Case dRng.Cells(i, 3).Value    ●──❹
            Case "银座"
                a1 = a1 + dRng.Cells(i, 7).Value    '数量
                a2 = a2 + dRng.Cells(i, 8).Value    '金额
            Case "涩谷"
                b1 = b1 + dRng.Cells(i, 7).Value    '数量
                b2 = b2 + dRng.Cells(i, 8).Value    '金额
            Case "新宿"
                c1 = c1 + dRng.Cells(i, 7).Value    '数量
                c2 = c2 + dRng.Cells(i, 8).Value    '金额
            Case "青山"
                d1 = d1 + dRng.Cells(i, 7).Value    '数量
                d2 = d2 + dRng.Cells(i, 8).Value    '金额
        End Select
    Next

    '［C］将统计后的数据复制到"分类统计"工作表的各单元格内
    With Worksheets("分类统计")
        .Range("B6:C6").Value = Array(a1, a2)    '银座店数据
        .Range("B7:C7").Value = Array(b1, b2)    '涩谷店数据
        .Range("B8:C8").Value = Array(c1, c2)    '新宿店数据
        .Range("B9:C9").Value = Array(d1, d2)    '青山店数据
    End With
End Sub
```

第7章　数据统计与分析

［ A ］部分

［ A ］部分中，获取“销售额表”工作表中除标题部分外的数据范围，并保存到变量dRng❶。从表格整体行数（.Rows.Count）中减去标题行，只获取数据部分（**p.120**）。同时，获取该数据范围内的数据个数❷。该个数将在［B］部分的循环中使用。

［ B ］部分

［ B ］部分中，首先通过For Next语句执行循环操作，针对销售额表格中数据部分的所有行，执行循环操作❸。变量cnt中有数据个数，使用For Next语句执行循环操作，由1开始循环至值与变量cnt相同，实现对全部行的操作。

循环过程中，获取各行中的分店名❹，以该值为关键词，通过Select Case语句执行**条件判断**。也就是说，根据分店名是“银座”“涩谷”“新宿”“青山”来分别执行不同操作。

各条件下的操作内容很简单，在为各分店分别设置的2个变量中，对数量和金额进行加法计算。当所有数据（所有行）的操作完成后，各变量中也保存好了各分店的合计值。该代码的关键在于为变量a1代入“**现在自身的值（a1的值）与加上对象行的值之后的值**”，即“a1=a1+对象行值”。通过这种方式计算出合计值。

dRng.Cells(i, 3).Value

▲	A	B	C	D	E	F	G	H
1								
2								
3								
4	No	销售日期	分店	商品编号	商品名称	单价	数量	金额
5	1	2020/04/01	银座	MS2201	短款钱包	10,880	3	32,640
6	2	2020/04/01	青山	MS2201	短款钱包	10,880	2	21,760
7	3	2020/04/02	银座	ML1202	长款钱包	8,640	4	34,560
8	4	2020/04/02	新宿	MP3202	卡包（绿）	5,400	2	10,800
9	5	2020/04/03	涩谷	MP3203	卡包（蓝）	5,400	2	10,800
10	6	2020/04/03	涩谷	ML1202	长款钱包	8,640	1	8,640
11	7	2020/04/08	新宿	ML1201	长款钱包	8,640	5	43,200

向下逐行引用单元格的值，在为各分店设置的变量中进行加法计算，求合计值。

［ C ］部分

［ C ］部分中，使用Array函数将变量a1 ~ d2中保存的各分店数据输出到“分类统计”工作表中。

专栏

使用部分字符串统计数据

Select Case语句和通配符（**p.77**）搭配使用，不仅可以表示如"银座""涩谷"这样与单元格内的值完全一致的内容，还可以通过部分字符串的形式来统计数据。

下面介绍的代码是，基于"长钱包（绿）""卡包（黑）"等文字信息，统计求取不同颜色商品的数量和金额的总和。在这个例子中，商品颜色被指定为"商品名的倒数第2个字符"，所以条件就写为"*黑?"。

● "销售额表"工作表

● "分类统计"工作表

将销售额表中的数据保存到变量dRng的操作（[A]部分），和统计后的数据输入到"分类统计"工作表的操作（[C]部分），都基本与上一示例内容相同，此处不再赘述。详细内容请参照上例说明，或查看本书的下载文件。

样本 按颜色统计（部分内容） `07-09-02.xlsm`

```
For i = 1 To cnt    '按数据个数循环
    Select Case True    '检查商品名称与以下条件是否一致（True）
        Case dRng.Cells(i, 5).Value Like "*黑?"
            a1 = a1 + dRng.Cells(i, 7).Value
            a2 = a2 + dRng.Cells(i, 8).Value
        Case dRng.Cells(i, 5).Value Like "*蓝?"
            b1 = b1 + dRng.Cells(i, 7).Value
            b2 = b2 + dRng.Cells(i, 8).Value
        Case dRng.Cells(i, 5).Value Like "*绿?"
            c1 = c1 + dRng.Cells(i, 7).Value
            c2 = c2 + dRng.Cells(i, 8).Value
    End Select
Next
```

10 综合执行多个统计操作

扫码看视频

综合执行多个操作

目前为止，已经介绍了

- "求全体数量/金额的过程"（**p.292**）。
- "求各分店数量/金额的过程"（**p.294**）。
- "求各色商品数量/金额的过程"（**p.297**）。

以上都是各自独立的过程，利用Call语句，可以一起执行以上所有过程（**p.92**中详细介绍了Call语句）。

以下示例中，一次性执行以上3个过程。并将本次代码关联到"分类统计"工作表的 [**统计**] 按钮（关联方法请参考**p.16**）。

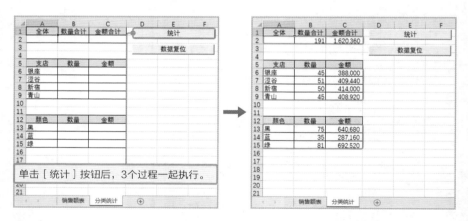

	A	B	C	D	E	F
1	全体	数量合计	金额合计		统计	
2						
3					数据复位	
4						
5	支店	数量	金额			
6	银座					
7	涩谷					
8	新宿					
9	青山					
10						
11						
12	颜色	数量	金额			
13	黑					
14	蓝					
15	绿					

单击 [统计] 按钮后，3个过程一起执行。

销售额表 分类统计

	A	B	C	D	E	F
1	全体	数量合计	金额合计		统计	
2		191	1 620 360			
3					数据复位	
4						
5	支店	数量	金额			
6	银座	45	388 000			
7	涩谷	51	409 440			
8	新宿	50	414 000			
9	青山	45	408 920			
10						
11						
12	颜色	数量	金额			
13	黑	75	640 680			
14	蓝	35	287 160			
15	绿	81	692 520			

销售额表 分类统计

> **笔记**
>
> 如上所述，本节中调用了之前介绍的3个过程。因此，在学习本节内容之前，建议大家先理解并掌握以上3个过程执行的操作内容。

格式 >> **Call语句**

> Call 过程名

在Call语句后写上过程名称，即可调用该过程。

样 本 综合执行多个过程   `07-10-01.xlsm`

```
Sub 统计()
    '调用其他过程并执行
    Call 全体统计
    Call 按分店统计
    Call 颜色统计
End Sub
```

统一删除统计结果

如果需要删除多个统计表格时，设置一个能够统一删除数据（复位）的按钮，将会大大提高工作效率。本部分为大家介绍如何将"删除已有数据的过程"代码关联到 [**数据复位**] **按钮**。

首先，**为需要删除的对象单元格区域命名**，然后，使用ClearContents**方法**删除。删除时需指定对象单元格区域，这时可以选用单元格名称。

第 7 章 数据统计与分析

为单元格区域命名后，即使表格的位置出现少许偏差，也不需要重写代码，非常实用。

命名完成后，在［数据复位］按钮中关联以下命令代码。单击该按钮后，所有数据被删除。

```
Sub 数据复位()
    Range("统计1").ClearContents
    Range("统计2").ClearContents
    Range("统计3").ClearContents
End Sub
```

实用的专业技巧!　如何为单元格区域命名

按以下操作顺序为单元格区域命名。

❶ 拖动鼠标，选择需要命名的单元格区域。

❷ 在名称框中输入名称后，按 **Enter** 键。

专栏　相同操作仅执行一次

本节中综合执行的3个过程（［全体统计］［按分店统计］［颜色统计］）中，有以下相同的操作内容。

- 声明变量dRng和变量cnt。
- 在变量dRng中保存销售额表格的数据部分。
- 在变量cnt中保存数据个数。

以上这些操作，在3个过程中的代码完全相同，可以把它们统一写到调用的过程中。但是需要注意，写到调用的过程中后无法再分别单独执行各过程。

如本节所述，综合执行多个过程时，可以象下列代码一样，将相同的操作内容统一写入调用的过程中。

样本　统一编写相同操作内容的代码

```
        '声明模块级变量
        Dim dRng As Range
        Dim cnt As Long                          ❶

Sub 统计()
        '将销售额表中的数据部分代入变量dRng
        With Worksheets("销售额表").Range("A4").CurrentRegion
            Set dRng = .Offset(1).Resize(.Rows.Count - 1)  ❷
        End With
        '保存销售额表中的数据
        cnt = dRng.Rows.Count

        '调用其他命令过程并执行
        Call 全体统计
        Call 按分店统计
        Call 颜色统计

        '选择"分类统计"工作表中的A1单元格（激活）
        Application.Goto Worksheets("分类统计").Range("A1")
        Set dRng = Nothing                       ❸
End Sub
```

　　首先，在"Sub 过程名"的上面标注出保存数据范围的变量dRng和保存数据个数的变量cnt，并声明其为**模块级变量❶**。声明为模块级变量后，在其他过程中也可以引用（利用）这两个变量。

　　接下来，添加一个将销售额表的数据部分保存到变量dRng，数据个数保存到变量cnt❷的命令。这部分的详细内容请参照**p.309**。

　　最后，设"分类统计"工作表中的A1单元格为当前单元格，在变量dRng中代入Nothing。调用其他命令过程即可编写完成代码❸。

　　声明完模块级变量后，删除各个命令过程中原有的声明变量dRng和cnt的部分，以及获取数据范围和数据个数的代码部分。

　　下列代码，是"全体统计"过程修改后的内容。请大家删除其他两个过程"按分店统计"和"颜色统计"中的相同部分。

```
Sub 全体统计()
    Dim dRng As Range
    Dim cnt As Long                                              删除
    Dim a1 As Long, a2 As Long    'a1:数量合计、a2:金额合计

    With Worksheets("销售额表").Range("A4").CurrentRegion
        Set dRng = .Offset(1).Resize(.Rows.Count - 1)
    End With
    cnt = dRng.Rows.Count

    '以循环方式统计数量合计与金额合计
    Dim i As Long
        : （省略）
End Sub
```

另外，模块级变量仅在该模块内有效。若在其他模块中调用，即使变量名相同也会提示错误。

11 制作和删除数据分析图表

制作嵌入图表

嵌入图表和工作表中的图形、图片、形状对象等一样，包含在Shapes集合中。

通过VBA制作嵌入图表时，可以使用Shapes集合的**AddChart2方法**。图表中的数据范围，通过Chart对象的**SetSourceData方法**指定。

本节将介绍图表的基本制作方法。

AddChart2方法用来制作参数中指定设置的嵌入图表，并返回一个Shape对象。

格 式 >> AddChart2方法

```
Shapes集合.AddChart2(
    [ Style ] , [ XlChartType ] , [ Left ] , [ Top ] , [ Width ] , [ Height ]
)
```

参数	Style	：指定图表样式。参数XlChartType设置为−1时指定图表为默认样式。
	XlChartType	：指定图表种类（参看下页）。省略该参数时，默认使用"标准图表（簇状柱形图）"。
	Left、Top	：以磅为单位指定图表的左端位置和上端位置。
	Width、Height	：以磅为单位指定图表的宽和高。

在SetSourceData方法中指定图表的数据范围。

格 式 >> SetSourceData方法

```
Chart对象.SetSourceData(Source, [ PlotBy ] )
```

参数	Source	：指定图表的数据范围。
	PlotBy	：指定数据系列。指定xlRows（行方向）或xlColumns（列方向）。省略该参数时，Excel按照表格大小自行判定。

● **AddChart2方法参数XlChartType的主要设定值与图表类型**

例如，用AddChart2方法制作簇状柱形图时，设置第2参数XlChartType为xlColumnClustered，第1参数Style为-1，那么第2参数指定图表为默认样式。

下面以制作簇状柱形图为例介绍具体方法。

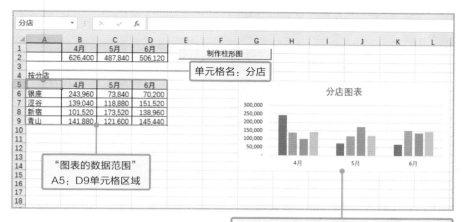

将制作完成的簇状柱形图放在按分店表格第一列数起右边第6列（G列），大小为10行6列的单元格区域内。

样 本 指定位置制作簇状柱形图

`07-11-01.xlsm`

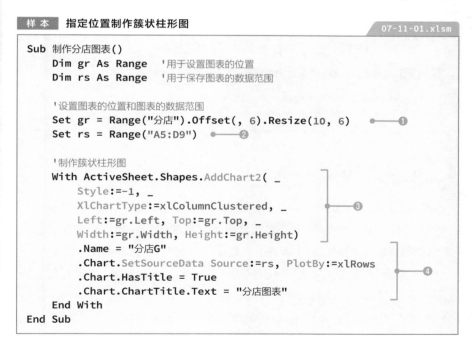

```vb
Sub 制作分店图表()
    Dim gr As Range     '用于设置图表的位置
    Dim rs As Range     '用于保存图表的数据范围

    '设置图表的位置和图表的数据范围
    Set gr = Range("分店").Offset(, 6).Resize(10, 6)      ●——❶
    Set rs = Range("A5:D9")    ●——❷

    '制作簇状柱形图
    With ActiveSheet.Shapes.AddChart2( _
        Style:=-1, _
        XlChartType:=xlColumnClustered, _
        Left:=gr.Left, Top:=gr.Top, _
        Width:=gr.Width, Height:=gr.Height)
        .Name = "分店G"
        .Chart.SetSourceData Source:=rs, PlotBy:=xlRows
        .Chart.HasTitle = True
        .Chart.ChartTitle.Text = "分店图表"
    End With
End Sub
```

305

在代码的开始部分，分别指定图表制作完成后的放置位置和图表的数据源范围。

首先，以G5单元格（单元格名称为"分店"的A5单元格向右移6列）为起点，在其后的10行6列**范围内制作图表**，并将这部分内容代入变量gr❶。其次，将A5：D9单元格区域作为**数据范围**代入变量rs❷。

接下来，使用**AddChart2方法**制作簇状柱形图❸，各参数请参考p.319。并对制作好的图表进行以下设置❹。

- 设置图形的名称为"分店G"。
- 设置图表的数据范围为变量rs，数据系列为行方向（xlRows）。
- 设置显示图表标题（HasTitle=True）。
- 设置图表标题（ChartTitle.Text）为"分店图表"。

🐾实用的专业技巧! 　**设置单元格值为图表标题**
....

　希望设置图表标题为"单元格内的字符串"时代码如下。

　样 本　**设置A4单元格的值为图表标题**

　.Chart.ChartTitle.Text = Range("A4").Value

▌删除嵌入图表

前面介绍的"制作分店图表"过程，每执行一次都会制作同名图表。

为了不产生多余的图表，**本部分中将代码修改为：如果已有同名图表（本例中图表名为"分店G"）存在，先删除已有图表再制作新图表**。

嵌入图表"分店G"，即是代表整个图形的"Shape对象"，也是代表嵌入图表的"ChartObject对象"。因此，该图表可以通过代码"ChartObjects（"分店G"）"获取（也可以通过代码"Shapes（"分店G"）"获取）。

样本 有同名图表存在时先删除再制作新图表（部分内容）

`07-11-02.xlsm`

```
Sub 制作分店图表()
    Dim gr As Range
    Dim rs As Range

    '添加以下代码+++++
    Dim myChart As ChartObject          ●——①
    For Each myChart In ActiveSheet.ChartObjects   ●——②
        If myChart.Name = "分店G" Then  ⌉
            myChart.Delete              │——③
        End If                          ⌋
    Next
    '截止此处++++++++++++++++++
    : （省略）
End Sub
```

①声明变量myChart为ChartObject型。

②将当前工作表中的所有嵌入图表逐个代入变量myChart中，循环后续操作。

③变量myChart的名称为"分店G"时，删除该图表。

如果执行ChartObjects集合的Delete方法，可以一次删除工作表中所有的嵌入图表。

样本 统一删除嵌入图表

`07-11-03.xlsm`

```
Sub 删除全部嵌入图表()
    On Error Resume Next
    ActiveSheet.ChartObjects.Delete
End Sub
```

代码**On Error Resume Next**表示，发生错误时不中断过程，继续执行下一语句。没有嵌入图表存在时，执行上述命令将提示运行错误，有了这行代码，可以忽略错误执行完命令。

第7章 数据统计与分析

307

12 制作各类图表

使用已有图表样式

　　Excel中预置由**图表标题**、**图例**、**数据标签**、**数据表**等图表元素分别排列组合成的多个**图表样式**。使用这些样式，可以快速地更改图表样式。

　　使用Chart对象的**ApplyLayout方法**选择Excel内置的样式。

格式 》 ApplyLayout方法

Chart对象.ApplyLayout(*Layout*, [*ChartType*])

参数

Layout	：	通过数值1～10指定样式，选用与数值对应的布局。布局不同，数值范围不同。
ChartType	：	指定图表种类（设定值请参看**p.316**）。

专栏　快速布局

　　参数Layout的设定值与［图表设计］选项卡中的［快速布局］列表中预置样式相对应。图表种类不同，可以设定的数值范围也不同，可以先打开［快速布局］列表确认。

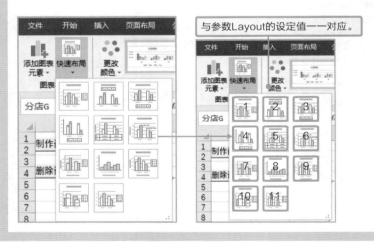

与参数Layout的设定值一一对应。

下面介绍如何将**p.315**中制作的嵌入式簇状柱形图"分店G"的样式修改为样式8，并设置纵坐标轴标题为"销售金额"。

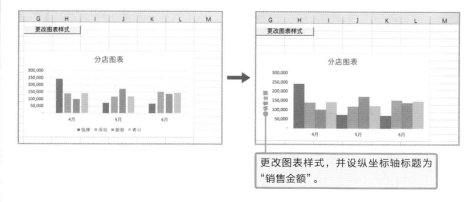

更改图表样式，并设纵坐标轴标题为"销售金额"。

样 本 | **选用图表样式**

07-12-01.xlsm

```
Sub 更改图表样式()
    With ActiveSheet.ChartObjects("分店G").Chart
        .ApplyLayout 8
        .Axes(xlValue).AxisTitle.Text = "销售金额"      ●①
        .Axes(xlCategory).AxisTitle.Delete      ●②
    End With
End Sub
```

第 7 章 数据统计与分析

本示例中设置的图表样式8中，既显示主要横坐标轴，也显示主要纵坐标轴。

设置坐标轴标题时，使用Chart对象的Axes方法获取**Axis对象**（轴），再使用Axis对象的AxisTitle属性获取AxisTitle对象（轴标题）。

设置主要纵坐标轴时，在上述Axes方法的参数中指定xlValue，再通过AxisTitle对象的**Text属性**指定字符串①。

如本示例中，只设置主要纵坐标轴标题，没有设置主要横坐标轴标题时，需要在参数中指定xlCategory获取横坐标轴，再执行AxisTitle对象的**Delete方法**删除②。

图表构成元素

嵌入图表的主要构成元素如下图所示。ChartObject对象中包含图表本身Chart对象。我们可以把ChartObject对象理解成Chart对象的容器。

Chart对象通过ChartObject的Chart属性获取。下图图表的构成元素通过Chart对象的属性或方法获取。

● **图表构成元素**

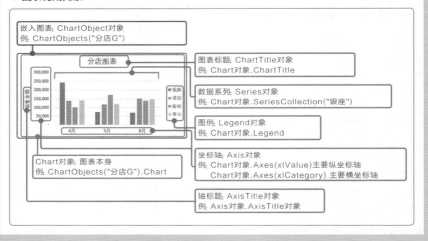

更改图表种类和样式

制作完图表，需要更改其种类和样式时，可以通用Chart对象的各属性来实现。

● **Chart对象的属性**

属性名	变更内容
ChartType	图表种类
ChartStyle	图表样式
ChartColor	图表配色

ChartType属性的设定值与AddChart2方法的参数*XlChartType*相同
（**p.304**）。**ChartStyle属性**的设定值与［图表设计］中的［图表样式］相
对应，**ChartColor属性**的设定值与［图表设计］中的［更改颜色］相对应
（参看下列专栏）。

专栏

ChartStyle属性与ChartColor属性的设定值

☑ ChartStyle属性的设定值

　　ChartStyle属性的设定值与［图表设计］选项卡中的［图表样式］选项组的样式相
对应，设定值使用3位数字。图表种类不同数值也不同，下图为簇状柱形图的数值。
建议使用"录制宏"功能确认数值后再设置。

> 图表种类不同，对应的样式数值也不同（可以通过"录制宏"功能确认）。

☑ ChartColor属性的设定值

　　ChartColor属性的设定值与［图表设计］选项卡中的［更改颜色］列表相对应。右图设定值从上到下依次为10～26的数值。

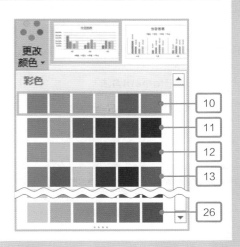

　　接下来，我们将簇状柱形图更改为"堆积条形图"，并且重新设置图表
的样式和颜色。

```
Sub 更改图表种类与样式()
    With ActiveSheet.ChartObjects("分店G").Chart
        .ChartType = xlBarStacked
        .ChartStyle = 298
        .ChartColor = 12
    End With
End Sub
```

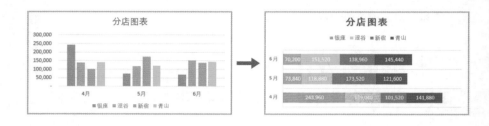

制作折线图添加图表元素

制作折线图时，在AddChart2方法的第2参数指定为xlLine（无数据标记）或xlLineMarkers（有数据标记）。

下面介绍如何制作带数据标记的折线图，以及如何使用Chart对象的 **SetElement方法**在图表右侧添加图例。

格式 >> SetElement方法

Chart对象.SetElement(*Element*)

参数 | *Element* ：用常数指定图表元素。

● 参数*Element*的主要设定值

设定值	内容
msoElementChartTitleAboveChart	在上方添加图表标题
msoElementLegendRight	在右侧添加图例
msoElementLegendNone	无图例
msoElementDataLabelTop	在上方添加数据标签
msoElementDataTableWithLegendKeys	添加带数据标记的数据表

样 本 制作折线图 `07-12-03.xlsm`

```
Sub 制作折线图()
    Dim gr As Range, rs As Range
    Set gr = Range("A7:E17")    '设置图表的位置
    Set rs = Range("A1:D5")      '设置图表的数据范围

    With ActiveSheet.Shapes.AddChart2( _
        -1, xlLineMarkers, _
        gr.Left, gr.Top, gr.Width, gr.Height).Chart      ①
        .SetSourceData Source:=rs, PlotBy:=xlRows
        .HasTitle = False                                 ②
        .SetElement msoElementLegendRight
    End With
End Sub
```

①在当前工作表中制作带数据标记的折线图（xlLineMarkers）。在变量gr（A7：E17单元格区域）的左、上、宽、高中分别设定图表的左端位置、上方位置、宽和高（AddChart2方法请参看 **p.303**）。

②为制作好的图表设置数据范围，并设置隐藏标题、添加图例。

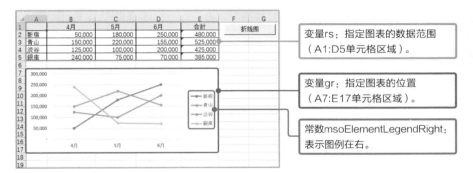

变量rs：指定图表的数据范围（A1:D5单元格区域）。

变量gr：指定图表的位置（A7:E17单元格区域）。

常数msoElementLegendRight：表示图例在右。

笔 记

　　SetElement方法与［图表设计］选项卡中的［添加图表元素］列表相对应。参数 *Element* 中，除P328表中展示的设定值之外，还有很多值。SetElement方法在线帮助（**p.98**）中有具体内容，可通过msoChartElementType查看。

制作复合图表

复合图表是指由多个图表类型构成的图表，常见的有**柱形图与折线图组合的图表**。

制作柱形图与折线图组合成的复合图表时，**将柱形图中的某一数据系列设置为折线图，并将该数据系列的图表坐标轴设置为次坐标轴**。下面介绍具体的制作方法。

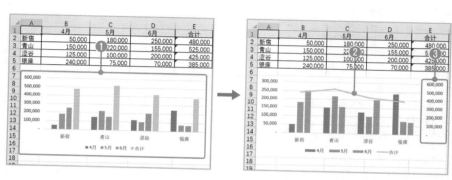

07-12-04.xlsm

```
Sub 制作复合图表()
    Dim gr As Range, rs As Range
    Set gr = Range("A7:E17")    '设置图表位置
    Set rs = Range("A1:E5")     '设置图表数据范围
    With ActiveSheet.Shapes.AddChart2(-1, xlColumnClustered, _
        gr.Left, gr.Top, gr.Width, gr.Height).Chart
        .SetSourceData Source:=rs, PlotBy:=xlColumns
        .HasTitle = False
        .SetElement msoElementLegendBottom
        With .SeriesCollection("合计")
            .ChartType = xlLine
            .AxisGroup = xlSecondary
        End With
    End With
End Sub
```

将"合计"数据系列的图表种类变更为折线图，并设置为次坐标轴。

314

13 制作数据透视图

Sample_Data/07-13/

扫码看视频

数据透视表和数据透视图

数据透视图以数据透视表为基础制作而成的图表。制作方法与普通的图表制作方法（**p.315**）基本相同，只是指定的数据范围为数据透视表中的内容。

数据透视表的范围，可以通过PivotTable对象的**TableRange1方法**或**TableRange2方法**获取。TableRange1方法获取的是"**数据透视表中表格的单元格区域**"，TableRange2方法获取的是"**包含页字段的单元格区域**"。两种方法都可以使用，下面介绍使用TableRange2方法的制作方法。

以数据透视表为基础，制作数据透视图。

本示例的代码略长，大致分为两部分。

[A] 删除数据透视图"透视G"。
[B] 制作数据透视图"透视G"。

下页中的"制作数据透视图"的过程，每次执行时都会产生同名图表，因此需要先执行删除操作（本示例为删除"透视G"图表）。

第 7 章　数据统计与分析

```
Sub 制作数据透视图()
    Dim gr As Range, rs As Range
    Dim myChart As ChartObject

'［A］已有数据透视图"透视G"时删除
    For Each myChart In ActiveSheet.ChartObjects        ●──❶
        If myChart.Name = "透视G" Then
            myChart.Delete                              ●──❷
        End If
    Next

'［B］制作数据透视图"透视G"
    Set rs = ActiveSheet.PivotTables("PV01").TableRange2   ●──❸
    Set gr = rs.Offset(, rs.Columns.Count + 1).Resize(15)  ●──❹
    With ActiveSheet.Shapes.AddChart2( _
        -1, xlColumnClustered, _
        gr.Left, gr.Top, gr.Width, gr.Height)
        .Name = "透视G"
        .Chart.SetSourceData Source:=rs, PlotBy:=xlColumns   ●──❺
        .Chart.HasTitle = True
        .Chart.ChartTitle.Text = "按分店按月份统计"
    End With
    Set rs = Nothing: Set gr = Nothing
End Sub
```

［A］部分

　　［A］部分中，以当前工作表中的所有嵌入图表为对象❶，检查是否有名为"透视G"的图表，有则删除❷。

［B］部分

　　［B］部分中，在图表数据范围（rs）中指定数据透视图PV01的单元格区域❸，在图表位置（gs）中设置**"以变量rs的列数+1列的右侧为起点15行"**❹。

　　然后，使用**AddChart2方法**制作数据透视图❺，并命名图表为"透视G"。

　　AddChart2方法的各个参数请参照**p.303**。SetSourceData属性和其他属性请参照**p.305**。

第 **8** 章

学到就是赚到的
实用功能

本章将介绍另外一些通过
Excel VBA实现自动化时能用上
的功能，比如如何控制打印、如何
操作数据等。

本章中介绍的内容使用频率都
很高，请大家一定要掌握哦。

01

打印与打印预览

打印

VBA中用**PrintOut方法**执行**打印**。打印对象可以是**工作表、工作簿、单元格区域**和**图表**。

PrintOut方法中有多个参数，下面仅介绍主要参数的含义。

格式 >> PrintOut方法

> 对象.PrintOut([*From*] , [*To*] , [*Copies*] , [*Preview*])

参数
From	：指定开始打印的页码，省略时从第一页开始打印。
To	：指定结束打印的页码，省略时打印至最末一页。
Copies	：指定打印份数，省略时打印1份。
Preview	：通过True/False指定是否显示打印预览，省略时默认为False。

样本 打印当前工作表   08-01-01.xlsm

```
Sub 打印当前工作表()
    ActiveSheet.PrintOut    '打印当前工作表所有内容
End Sub
```

打印特定的单元格时，使用Range对象指定打印对象，如"Range（"A1:C5"）.PrintOut"。

在工作簿中指定工作表进行打印时，代码如下。

样本 打印当前工作表簿中的指定页内容   08-01-01.xlsm

```
Sub 打印当前工作簿()
    '打印当前工作簿的1-2页
    ActiveWorkbook.PrintOut From:=1,To:=2
End Sub
```

打印工作表中的嵌入图表时，代码如下。

08-01-01.xlsm

```
Sub 打印嵌入图表()
    '打印当前工作表中的嵌入图表 "图表1"
    ActiveSheet.ChartObjects("图表1").Chart.PrintOut
End Sub
```

显示打印预览

使用**PrintPreview方法**显示**打印预览**，在该方法中可以指定**工作表**、**工作簿**、**单元格区域**和**图表**。

格 式 >> **PrintPreview方法**

对象.PrintPreview([*EnableChanges*])

参数　*EnableChanges*：通过True/False指定打印预览界面上的 [页面设置]、[上一页]、[下一页] 和 [显示边距] 是否有效。省略时默认有效（True）。

样 本　**显示当前工作表的打印预览**

08-01-02.xlsm

```
Sub 打印预览()
    '显示当前工作表的打印预览
    ActiveSheet.PrintPreview False
End Sub
```

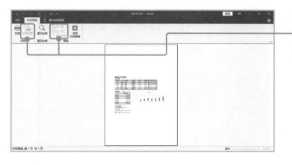

显示的打印预览中，[页面设置]、[上一页]、[下一页] 和 [显示边距] 均不可使用。

提示

　　当需要打印的工作表为空表时，PrintOut方法和PrintPreview方法均无效。

02 打印设置

扫码看视频

相关属性

　　使用**PageSetup对象**进行**打印设置**。通过Worksheets对象的 **PageSetup属性**获取PageSetup对象。可以在该对象中对多项内容进行设置，如**纸张大小**、**缩放**、**打印区域**等。

> 样 本　**设置后打印**　　　　　　　　　　　　　　　08-02-01.xlsm

```
Sub 打印设置()
    With ActiveSheet.PageSetup
        .PrintArea = "A1:G20"            '打印范围
        .CenterHorizontally = True       '水平居中
        .CenterHeader = "&B日付: &D"       '在页面顶部中央位置显示今天的日期
    End With
    ActiveSheet.PrintOut  '打印
End Sub
```

※CenterHeader属性中的"&B"和"&D"是用来指定需要显示在页眉或页脚的值或格式的代码。

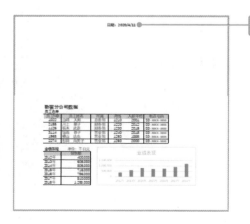

在页面顶部中央位置显示日期。

> 笔 记

　　需要组合显示字符串"日期："和当前系统的日期（&D）时，代码为""日期：&D""。需要设置加粗（&B）等格式时，将格式代码写在数据之前，如""&B日期：&D""。指定字体时字体名需用"""" 括起，如""&""等线""日期：&D""。

● **PageSetup对象的主要属性**

属性	内容
Orientation	打印方向。"xlPortrait"（纵向），"xlLandscape"（横向）
Zoom	缩放比例。指定值为0～400。设置为False时，自动调整打印页的大小为FitToPagesTall属性和FitToPagesWide属性中指定的值
FitToPagesWide FitToPagesTall	页宽/页高。设置该值时，需先将Zoom设置False
PaperSize	纸张大小，xlPaperA4（A4），xlPaperB4（B4）
TopMargin BottomMargin	上边距/下边距，以磅为单位设置
LeftMargin RightMargin	左边距/右边距，以磅为单位设置
CenterHorizontally CenterVertically	垂直居中打印/水平居中打印，设置为True时有效
PrintArea	打印区域，使用A1样式字符串设置
PrintTitleRows PrintTitleColumns	顶部标题行/左侧标题列，使用A1样式字符串设置
LeftHeader CenterHeader RightHeader	左对齐时页眉信息/居中对齐时页眉信息/右对齐时页眉信息 使用字符串、格式代码或VBA代码设置 格式代码与VBA代码请参看下表
LeftFooter CenterFooter RightFooter	左对齐时页脚信息/居中对齐时页脚信息/右对齐时页脚信息 使用字符串、格式代码或VBA代码设置 格式代码与VBA代码请参看下表

● **主要格式代码（用于设置页眉与页脚信息中的字符串格式）**

代码	内容
&L	左对齐
&C	居中
&R	右对齐
&B	加粗
&I	倾斜
&U	下划线
&""字体名""	字体名（参照p.320中的"笔记"部分）
&nn	字体大小，以磅为单位，通过2位数指定

● **主要VBA代码（用于设置页眉与页脚信息中的字符串格式）**

代码	内容
&D	当前日期
&T	当前时刻
&F	文件名
&A	工作表标题
&P	页码
&&	打印"&"
&N	全部页数
&Z	文件路径
&G	插入图像
&P+数值	页码加指定"数值"后的值
&P-数值	页码减指定"数值"后的值

样本 自动调整大小，显示打印预览   `08-02-02.xlsm`

```
Sub 调整为一页后打印()
    With ActiveSheet.PageSetup
        .Zoom = False           '关闭缩放
        .FitToPagesWide = 1     '自动调整页宽，使内容集中在1页中
        .FitToPagesTall = 1     '自动调整页高，使内容集中在1页中
    End With
    ActiveSheet.PrintPreview    '显示打印预览
End Sub
```

专栏

如何使用厘米设置边距

Excel通常以"磅"为单位设置打印边距，用Aoolication对象的CenntimetersToPoints方法可以将设置单位变为"厘米"。设置上边距为1.5cm的代码如下。

样本 设置边距单位为厘米

```
ActiveSheet.PageSetup
    .TopMargin = Application.CentimetersToPoints(1.5)
```

322

03 暂时隐藏不打印的数据

扫码看视频

暂时隐藏特定行/列

当有暂时**不希望打印的行或列**时，可以在打印顺序中将其设置为暂时隐藏。该方法非常实用，使用**Hidden属性**执行该操作即可。下面的示例中，隐藏B列后打印。

样 本　隐藏B列后打印　　　　　　　　　　　　　　　　　　　08-03-01.xlsm

```
Sub 隐藏列后打印()
    Columns("B").Hidden = True     '隐藏B列
    With ActiveSheet.PageSetup
        .Zoom = False
        .FitToPagesWide = 1
    End With
    ActiveSheet.PrintOut Preview:=True
    Columns("B").Hidden = False     'B显示B列
End Sub
```

※PageSetup方法请参考p.336。

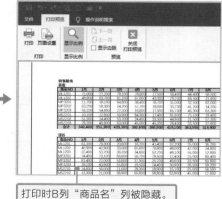

打印时B列"商品名"列被隐藏。

分页打印各分店销售额表

按分店设置分页

希望"**分页打印各分店**"的销售额表时，首先按分店对销售额表进行排序，再在分店名的交界处设置分页。同时，很重要的一点，是在各页页首位置打印**标题行**。

使用HpageBreaks集合的**Add方法**，可以在任意行设置分页，再使用PageSetup对象的**PrintTitleRows属性**设置标题。

格 式 》 **Add方法（HPageBreaks集合）**

> HpageBreaks集合.Add(**Before**)

参 数 | **Before**：指定添加分页符位置的下一单元格。

格 式 》 **PrintTitleRows属性**

> PageSetup对象.PrintTitleRows = 行号

在PrintTitleRows属性中，以**A1样式的字符串**设置需要打印在各页上方的行（标题行）的行号。撤销时，指定该属性为False或""""（长度为0的字符串）。

▲	A	B	C	D	E	F	G	H	I
1									
2	No	销售日期	分店	商品编号	商品名称	单价	数量	金额	
3	1	2018/04/01	银座	MS2201	短款钱包（黑）	10,880	3	32,640	
4	2	2018/04/01	青山	MS2201	短款钱包（黑）	10,880	2	21,760	
5	3	2018/04/02	银座	ML1202	长款钱包（绿）	8,640	4	34,560	
6	4	2018/04/02	新宿	MP3202	卡包（绿）	5,400	2	10,800	
7	5	2018/04/03	涩谷	MP3201	卡包（黑）	5,400	2	10,800	
8	6	2018/04/03	涩谷	ML1202	长款钱包（绿）	8,640	1	8,640	
9	7	2018/04/08	新宿	ML1201	长款钱包（黑）	8,640	5	43,200	
10	8	2018/04/08	青山	MP3201	卡包（黑）	5,400	3	16,200	
11	9	2018/04/09	涩谷	MS2202	短款钱包（绿）	10,880	1	10,880	
12	10	2018/04/09	银座	MP3202	卡包（绿）	5,400	4	21,600	
13	11	2018/04/10	新宿	ML1202	长款钱包（绿）	8,640	2	17,280	
14	12	2018/04/11	青山	ML1201	长款钱包（黑）	8,640	3	25920	
15	13	2018/04/12	涩谷	MS2201	短款钱包（黑）	10,880	2	21,760	
16	14	2018/04/12	银座	MP3202	卡包（绿）	5,400	1	5400	
17	15	2018/04/12	银座	MS2203	短款钱包（蓝）	10,880	4	43520	
18	16	2018/04/13	新宿	MP3201	卡包（黑）	5,400	2	10800	
19	17	2018/04/15	青山	ML1201	长款钱包（黑）	8,640	4	34560	
20	18	2018/04/15	青山	MS2202	短款钱包（绿）	10,880	2	21760	
21	19	2018/04/19	涩谷	MP3202	卡包（绿）	5,400	1	5400	

在所有页上打印标题行。

分页打印各分店数据。

样 本　按分店名分页后打印　　　　　　　　　　　08-04-01.xlsm

```
Sub 分页打印各分店数据()
  Dim i As Long
  '按分店列（C2单元格）升序排列销售额表
  Range("A2").Sort _
      Key1:=Range("C2"), Order1:=xlAscending, Header:=xlYes
  '全部重设当前工作表中的分页
  ActiveSheet.ResetAllPageBreaks          ●──❶
  'C列第i行不为空时，循环执行以下操作
  i = 3
  Do While Cells(i, "C").Value <> ""
      'C列第i行的值与下1单元格的值不同时，设置分页
      If Cells(i, "C").Value <>  Cells(i, "C").Offset(1).Value Then
          '在C列第i行的单元格的下1单元格上设置水平方向的分页
          ActiveSheet.HPageBreaks.Add Before:=Cells(i, "C").Offset(1)
      End If
      i = i + 1
  Loop
  '设［销售额表］工作表的第2行为标题行（标题）
  ActiveSheet.PageSetup.PrintTitleRows = Rows(2).Address
  ActiveSheet.PrintPreview   '显示打印预览
  '按含单元格A2的表格中的单元格A2列（No）的升序排列
  Range("A2").Sort _
      Key1:=Range("A2"), Order1:=xlAscending, Header:=xlYes     ❷
End Sub
```

❶Worksheet对象的ResetAllPageBreaks方法用来重设指定工作表中的所有分页。
❷按No序排列，恢复原始顺序。

No	销售日期	分店	商品编号	商品名称	单价	数量	金额
1	2018/04/01	银座	MS2201	短款钱包（黑）	10,880	3	32,640
3	2018/04/02	银座	ML1202	长款钱包（绿）	8,640	4	34,560
10	2018/04/09	银座	MP3202	卡包（绿）	5,400	4	21,600
14	2018/04/12	银座	MP3202	卡包（绿）	5,400	1	5400
15	2018/04/12	银座	MS2203	短款钱包（蓝）	10,880	4	43520
20	2018/04/20	银座	MS2202	短款钱包（绿）	10,880	3	32640
23	2018/04/23	银座	MS2201	短款钱包（黑）	10,880	2	21760
24	2018/04/24	银座	ML1203	长款钱包（蓝）	8,640	1	8640
29	2018/04/30	银座	ML1202	长款钱包（绿）	8,640	1	8640
30	2018/05/01	银座	ML1202	长款钱包（绿）	8,640	1	8640
36	2018/05/03	银座					
53	2018/05/28	银座					

按分店名分页。

No	销售日期	分店	商品编号	商品名称	单价	数量	金额
5	2018/04/03	涩谷	MP3201	卡包（黑）	5,400	2	10,800
6	2018/04/03	涩谷	ML1202	长款钱包（绿）	8,640	1	8,640
9	2018/04/09	涩谷	MS2202	短款钱包（绿）	10,880	1	10,880
13	2018/04/12	涩谷	MS2201	短款钱包（黑）	10,880	2	21760
19	2018/04/19	涩谷	MP3202	卡包（绿）	5,400	1	5400
25	2018/04/25	涩谷	MS2202	短款钱包（绿）	10,880	4	43520
26	2018/04/26	涩谷	MP3201	卡包（黑）	5,400	1	5400
37	2018/05/03	涩谷	MS2202	短款钱包（绿）	10,880	1	10880
39	2018/05/04	涩谷	MP3202	卡包（绿）	5,400	2	10800
40	2018/05/05	涩谷	ML1202	长款钱包（绿）	8,640	1	8,640
41	2018/05/05	涩谷	MP3201	卡包（黑）	5,400	3	16,200
43	2018/05/06	涩谷	MP3201	卡包（黑）	5,400	5	27,000

第8章　学到就是赚到的实用功能

05 发生错误时的处理

On Error语句

运行过程中发生了错误，但希望"**不中断而继续执行操作**"或"**正常运行至结束**"时，使用**On Error语句**启动一个**错误处理程序**（发生错误时执行的操作）。

On Error语句有以下几种类型。

● On Error语句类型

语句	内容
On Error GoTo 行标签	发生错误时，执行行标签以后的操作
On Error Resume Next	发生错误时，继续执行后续操作
On Error GoTo 0	发生错误时，显示"运行错误"，终止操作

发生运行错误操作中断后，在消息框中提示**错误代码**和**错误内容**。这些内容分别可以通过**Err.Number属性**和**Err.Descerption属性**获取，也用于错误处理程序中。

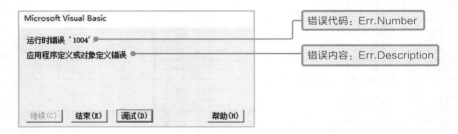

下面示例中，介绍未找到空白单元（xlCellTypeBlanks）时的操作。发生错误时，操作转至行标签**errHandler**。

样 本　在空白单元格内设0

08-05-01.xlsm

```
Sub 错误处理1()
    '启动错误处理程序
    On Error GoTo errHandler  ●——①

    Range("B3:D6").SpecialCells(xlCellTypeBlanks).Value = 0  ●——②
    Exit Sub  '终止操作  ●——③

'发生错误时执行的操作
errHandler:
    MsgBox Err.Number & ":" & Err.Description  ●——④
End Sub
```

①发生错误时，操作转至行标签errHandler，启动错误处理程序。

②B3：D6单元格区域中，设空白单元格为0。SpecialCells方法找不到参数指定的单元格时（本例中无空白单元格），提示运行错误。

③不发生错误时（SpecialCells方法正常终止时）终止操作。

④发生错误时，显示错误信息。

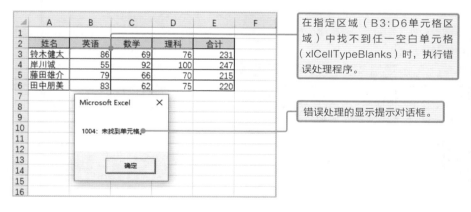

在指定区域（B3:D6单元格区域）中找不到任一空白单元格（xlCellTypeBlanks）时，执行错误处理程序。

错误处理的显示提示对话框。

On Error Resume Next语句

在预计可能发生错误的语句前添加**On Error Resume Next语句，可以在发生错误时继续执行后续操作**。因此，无论是否发生错误都希望继续执行后继操作时，使用该代码即可。

需要注意，写入On Error Resume Next语句后，之后所有的操作都将自动忽略运行错误。如果希望继续检查是否有运行错误，可以再写入代码**On Error Go To 0**，之后的操作将继续检查是否有运行错误。

本示例中，使用Special Cells方法获取包含值的单元格（xlCellType Constants），并删除包含该单元格的行。考虑到未找到相关单元格时会发生运行错误，所以在这一系列操作前，写入On Error Resume Next语句。

样本 删除生产完成的单元格的行

08-05-02.xlsm

```
Sub 错误处理2()
    Dim rng As Range
    On Error Resume Next    '设置为发生错误时继续执行当前操作
    Set rng = Range("D4:D7").SpecialCells(xlCellTypeConstants)
    If Err.Number <> 0 Then
        MsgBox Err.Number & " : " & Err.Description
        Exit Sub
    End If
    On Error GoTo 0    '关闭错误处理程序
    rng.EntireRow.Delete
    MsgBox "已删除生产完成的商品"
End Sub
```

写入该语句，预防可能发生的错误。

对象范围（D4:D7单元格区域）中没有带值的单元格时，发生运行错误。此时，Err. Number中设置的值非0，错误内容显示在对话框。

06 制作日期数据

扫码看视频

DateSerial函数

使用**DateSerial函数**可以制作指定年月日的日期数据。灵活运用该函数，可以制作出多种日期数据，如"**以当前日期为基准，制作下个月最后一天的日期数据**""**由出生年月日日期制作出今年的生日日期**"等。

格式 ▶▶ **DateSerial函数**

DateSerial(*year*, *month*, *day*)

参数 | *year* ：用100~9999内的一个整数指定年。
month ：用整数指定月。
day ：用整数指定日。

样本 通过年月日制作日期数据 08-06-01.xlsm

```
Sub 制作下月最后一天的日期数据()
    Debug.Print DateSerial(Year(Date), Month(Date) + 2, 0)
End Sub
```

上述示例中，通过Date函数获取当前日期，Year函数指定年，Month函数计算"提取的月+2"。通过"+2"获得2个月后的"月份"。

指定第3参数*day*为0。指定日期为0意味着"**1号前一天**"，可以求得"**下月最后一天**"。

执行Debug.Print后，指定的值被输出到**立即窗口**中。

笔记

选择VBE中［视图］菜单中的［立即窗口］命令，即可打开立即窗口。

> 显示当前日期（2020/4/12）的下个月最后一天日期。

DateValue函数

使用**DateValue函数**，可以由表示参数**指定日期的字符串制作出日期数据**。

格式 >> **DateValue函数**

DateValue(*date*)

参数 | *date* ：指定表示日期的字符串（100年1月1日～9999年12月31日）。

参数*date*可以通过""2020/6/12""""85-6-12""""2020年4月12日""等形式来指定。省略年份时，默认当前系统的年份。无法识别字符串为日期时提示错误。

样本 **通过字符串制作日期数据**　　　　　　08-06-02.xlsm

```
Sub 通过字符串制作日期数据()
    Debug.Print DateValue("2020/7/20")
    Debug.Print DateValue("2020年12月24日")
    Debug.Print DateValue("6/20")
End Sub
```

● 操作日期/时间的主要VBA函数

函数	操作
Date / Time / Now	分别获取当前的系统日期、时间、日期与时间
Year(date) / Month(date) / Day(date)	通过指定日期（date）分别获取年、月、日
Hour(time) / Minute(time) / Second(time)	通过指定时间（time）分别获取时、分、秒
Weekday(date)	返回指定日期（date）的星期号。星期号按周日、一、二……依次为1、2、3、……7
DatePart(interval, date)	通过日期（date）获取指定的时间单位（interval）（**p.331**）

07 通过日期数据计算日期

扫码看视频

DateAdd函数

使用**DateAdd函数**，可以以特定日期和时间为基准，**计算经过指定时间后的日期和时间**，如"从今天开始2周后的日期""30分钟前的时间"等。

格式 >> **DateAdd函数**

DateAdd(*interval*, *number*, *date*)

参数 | *interval*：以字符串形式指定时间单位（参照下表）。
number：指定进行加法运算与减法运算的整数。
date   ：指定基准日期。

● 参数*interval*的设定值

设定值	时间单位
yyyy	年
m	月
d	日
q	季度
y	一年的日数

设定值	时间单位
h	时
n	分
s	秒
w	周一至周五（一周的日数）
ww	周

以下示例中，增加或减少时间，并把结果输出到立即窗口。示例中的第3参数指定为Date是用来获取执行代码的日期与时间的函数。

样本 **通过字符串制作日期数据**

08-07-01.xlsm

```
Sub 计算加减指定时间单位后的日期()
    Debug.Print DateAdd("m", 6, Date)     '6个月后
    Debug.Print DateAdd("d", -30, Date)   '30天前
    Debug.Print DateAdd("ww", 4, Date)    '4周后
End Sub
```

第 8 章　学到就是赚到的实用功能

DateDiff函数

DateDiff函数用来**计算两个指定日期之间的间隔**。指定不同的时间单位，可以计算出不同的间隔，如两个日期之间的**天数**、**周数**、**年数**等。

格 式 >> **DateDiff函数**

```
DateDiff(interval, date1, date2)
```

参 数 | interval   ：以字符串形式指定时间单位。
date1、date2：指定计算间隔的日期。

以下示例中，计算从"1994年11月5日"到"当前日期"的时间间隔。这里的"当前日期"是指"2020年4月15日"。

样 本 **DateDiff函数使用例**   08-07-02.xlsm

```
Sub 以指定单位计算2个日期间的间隔()
    Dim dt As Date
    dt = #11/5/1994#
    Debug.Print DateDiff("yyyy", dt, Date)    '经过年数
    Debug.Print DateDiff("m", dt, Date)       '经过月数
    Debug.Print DateDiff("d", dt, Date)       '经过天数
End Sub
```

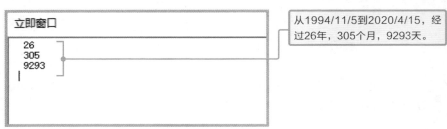

立即窗口

26
305
9293

从1994/11/5到2020/4/15，经过26年，305个月，9293天。

DateDiff函数中以""yyyy""为年单位时，年数即为新年份的访问次数。例如，指定参数 *date1* 为"12月31日"，参数 *date2* 为第二天的"1月1日"，则返回1。

DateDiff函数与工作表函数中的DATEDIF函数非常相似，但格式和计算方法不同，使用时需要注意。

08 提取部分字符串

Left函数、Right函数和Mid函数

Left函数提取"**字符串左侧（首部）字符**"，Right函数提取"**字符串右侧（末尾）字符**"，Mid函数提取"**字符串中间字符**"。

格式 ≫ Left函数、Right函数和Mid函数

Left(*string*, *length*)
Right(*string*, *length*)
Mid(*string*, *start*, [*length*])

参数		
	string	：指定提取的字符串。
	length	：通过数值指定提取的字符数。指定的数值长于*string*时，返回*string*中指定的字符串整体。
	start	：指定提取的开始位置（从左侧的第几个字符开始）。

样本　Left函数／Right函数／Mid函数使用示例

08-08-01.xlsm

```
Sub 提取部分字符串()
    Dim str As String
    str = "东京都港区六本木"          '对象字符串
    Debug.Print Left(str, 3)        '左侧开始3字符
    Debug.Print Mid(str, 4, 2)      '从第4个字符开始2字符
    Debug.Print Right(str, 3)       '右侧开始3字符
End Sub
```

立即窗口
东京都 港区 六本木

从字符串"东京都港区六本木"中提取的部分文字。

InStr函数

InStr函数从左侧开始查找指定的字符，并**以数值形式返回最初查找到的字符所在位置**（未找到时返回0）。通过与前面介绍的Left函数、Right函数和Mid函数组合，可以自由选择字符串中任意字符。

格 式 》》InStr函数

InStr([*start*] , *string1*, *string2*)

参数

start ：指定查找的开始位置。省略时从首字符开始查找。
string1 ：指定作为查找范围的对象字符串。
string2 ：指定要查找的字符串。

样本 InStr函数使用
08-08-02.xlsm

```
Sub 查找指定字符串的位置()
    Dim str As String
    str = "abc@xxx.xx"                  '将需要查找的对象字符串代入变量
    Debug.Print InStr(str, "@")         '查找 "@" 的位置
End Sub
```

样本 InStr函数与Left函数或Mid函数组合
08-08-02.xlsm

```
Sub 提取指定字符串前后的字符()
    Dim str As String
    Dim pos As Long
    str = "abc@xxx.xx"            '将需要查找的对象字符串代入变量
    pos = InStr(str, "@")         '查找 "@" 的位置
    Debug.Print Left(str, pos - 1)      '查找并显示 "@" 左侧字符串
    Debug.Print Mid(str, pos + 1)       '查找并显示 "@" 右侧字符串
End Sub
```

```
立即窗口

abc
xxx.xx
|
```

| 第3个字符以左 | 第5个字符以右 |

笔记

省略Mid函数中的第3参数length时，返回第2参数start之后的全部字符。

09 指定数据的格式

扫码看视频

Format函数

使用**Format函数**可以**自由改变**字符串、日期、数值等**数据的格式**。参数*expression*指定的数据，变换为参数*format*指定的格式。可以通过**固定格式**和**自定义格式**来指定格式。

格 式 >> **Format函数**

Format(*expression*, [*format*])

参数 | *expression* ：指定数值、字符串、日期或时间。
format ：指定格式。省略时，延用参数expression中的格式。

样 本 **Format函数使用**

08-09-01.xlsm

```
Sub 改变格式()
    Debug.Print Format(1000000, "#,###,千日元")
    Debug.Print Format(#12/6/1985#, "yyyy年mm月dd日")
    Debug.Print Format("山田太郎", "@@@@女士/先生")
End Sub
```

立即窗口

```
1,000千日元
1985年12月06日
山田太郎女士/先生
|
```

固定格式

固定格式是Excel中预置的格式，只需要指定格式名就可以指定格式。Excel中主要固定格式有以下几种。

第8章 学到就是赚到的实用功能

335

● 主要固定格式

种类	格式	使用例
数值	General Number 普通数字	Format("1,000", "General Number") 显示结果 1000
	Currency 货币类型	Format("1,000", "Currency") 显示结果 ¥1,000
	Percent 带两位小数点的百分数	Format(0.12345, "Percent") 显示结果 12.35%
日期/时间	Long Date 长日期格式	Format(#12/6/2020#, "Long Date") 显示结果 2020年12月6日
	Short Date 短日期格式	Format("R2年12月6日", "Short Date") 显示结果 2020/12/06
	Long Time 长时间格式	Format("下午1时25分", "Long Time") 显示结果 13:25:00
	Short Time 短时间格式（不显示秒）	Format(#2:25:30 PM#, "Short Time") 显示结果 14:25

自定义格式

使用自定义格式，通过组合格式符号可以指定任意格式。下面按数据类型介绍主要的自定义格式符号。

● 主要数字格式符号

指定字符	内容	使用例
0	个位数值 （无符合的值时显示0）	Format(10, "000") 显示结果 010
#	个位数值 （无符合的值时不显示）	Format(10, "###") 显示结果 10
,	间隔3位	Format(1000000, "#,##0,") 显示结果 1,000
%	百分比	Format(0.4567, "0.0%") 显示结果 45.7%

336

● 主要文本格式符号

指定文本	内容	使用例
@	1个字符或空格（@对应位置上没有字符时显示空格）	Format("abc", "@@@@") 显示结果 abc
&	1个字符（&对应位置上没有字符时缩进）	Format("abc", "&&&&") 显示结果 abc
<	将所有字符转换为小写字符	Format("Excel", "<@") 显示结果 excel
>	将所有字符转换为大写字符	Format("Excel", ">@") 显示结果 EXCEL

● 主要日期和时间格式符号

指定文字	内容	使用例
yy yyyy	公元2位数年份 公元4位数年份	Format(#12/6/2020#, "yyyy年") 显示结果 2020年
m mm	月份 （mm显示2位数）	Format(#12/6/2020#, " mm月") 显示结果 06月
d dd	日期 （dd显示2位数）	Format(#12/6/2020#, " dd日") 显示结果 04日
aaa aaaa	星期 （aaaa显示"星期"）	Format(#12/6/2020#, "m/d（aaa）") 显示结果 6/4(木)
h hh	时 （hh显示2位数）	Format(#9:45:00 AM#, "hh时") 显示结果 09时
n nn	分 （nn显示2位数）	Format(#9:45:00 AM#, "nn分") 显示结果 45分
s ss	秒 （ss显示2位数）	Format(#9:45:00 AM#, "h时n分s秒") 显示结果 9时45分5秒

※m、mm直接指定在h和hh后时，显示为分。

10 检查数据类型

IsDate函数和IsNumeric函数

需要检查对象数据是否可以用作**日期或时间型数据**时，使用**IsDate函数**。另外，检查对象数据是否可用作**数值数据**时使用**IsNumeric函数**。

格式 ▶▶ IsDate函数和IsNumeric函数

```
IsDate(expression)
IsNumeric(expression)
```

> **参数** | expression：指定检查对象。可作为日期/时间型或数值使用时返回True，不可时返回False。

样本 IsDate函数和IsNumeric函数的应用 `08-10-01.xlsm`

```
Sub 检查是否可变换数据类型()
    Debug.Print IsDate("2020.1.2")        检查是否可作为日期使用。
    Debug.Print IsDate("12/7")
    Debug.Print IsNumeric("10.2")         检查是否可作为数值使用。
    Debug.Print IsNumeric("10-2")
End Sub
```

```
立即窗口
False
True
True
False
```

TypeName函数

使用**TypeName函数可以查询代入到变量中的值的数据类型或对象种类**。根据查询结果，确认数据或执行不同操作。

格式 ≫ **TypeName函数**

TypeName(*varname*)

参数 | *varname*：指定要检查的变量。根据指定的变量种类，返回下表中的字符串。

● 表示变量种类的主要字符串

字符串	内容
Integer	整数型
Long	长整数
Single	单精度浮点型
Double	双精度浮点型
Date	日期型
String	字符串型
Boolean	布尔型
Error	错误值
Empty	Variant型的初始值
Null	无效值

● 表示对象种类的主要字符串

字符串	内容
Workbook	工作簿
Worksheet	工作表
Range	单元格
Chart	图表
TextBox	文本框
ComboBox	组合框
ListBox	列表框
Object	对象
Unknown	种类不明
Nothing	对象的初始值

样本 **TypeName函数的应用**

08-10-02.xlsm

```
Sub 检查数据类型()
    Dim data1, data2, data3
    data1 = "2019/12/6"
    data2 = #9:20:00 AM#
    Set data3 = Worksheets(1)
    Debug.Print TypeName(data1)
    Debug.Print TypeName(data2)
    Debug.Print TypeName(data3)
End Sub
```

将值和对象代入变量。

查询变量中的数据种类并显示。

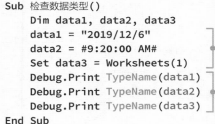

立即窗口

```
String
Date
Worksheet
```

data1（"2019/12/6"）是String型

data2（#9：20：00 AM#）是Date型

data3（Worksheets(1)）是Worksheets型

第8章 学到就是赚到的实用功能

339

用于检查或转换数据类型的函数

如上所述，以Is开头的函数用来检查是否可用作特定数据类型。检查是否可用作日期值时即Is和Date构成IsDate函数，是否可用作数值时即Is和Numeric构成IsNumeric函数。另外，还有以下用于检查数据类型的函数，返回值均为True或False。

● **用于检查数据类型的函数**

函数名	内容
IsArray (*varname*)	检查是否是数组
IsEmpty (*expression*)	检查是否是空值
IsError (*expression*)	检查是否是错误值
IsNull (*expression*)	检查是否是零值
IsObject (*identifier*)	检查是否是对象型变量

还有很多用来将指定值转换为特定数据类型的函数，主要函数如下。

● **转换数据类型的函数**

函数	内容
CBool (*expression*)	转换为布尔型（Boolean）
CByte (*expression*)	转换为字节型（Byte）
CCur (*expression*)	转换为货币型（Currency）
CDate (*expression*)	转换为日期型（Date）
CDbl (*expression*)	转换为双精度浮点型（Double）
CInt (*expression*)	转换为整数型（Integer）
CLng (*expression*)	转换为长整数型（Long）
CSng (*expression*)	转换为单精度浮点型（Single）
CStr (*expression*)	转换为字符串型（String）
CVar (*expression*)	转换为变体型（Variant）
Fix (*expression*)	舍弃小数点后数字
Int (*expression*)	舍弃小数点后数字

※负数时，Fix函数直接舍弃小数点后数字。Int函数返回不超过指定数的最大整数（例：Fix（-12.3）→-12）、Int（-12.3）→-13）。

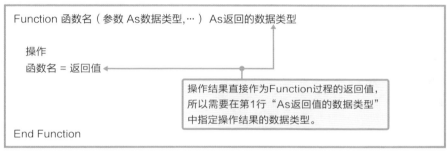

11 自定义函数

制作Function过程

Function过程是指返回"**指定操作的结果**"的命令过程。利用该功能，可以制作出能用于工作表的**自定义函数**。

格式 >> **Function过程**

```
Function 函数名（参数 As数据类型,…）As返回的数据类型

    操作
    函数名 = 返回值

                        操作结果直接作为Function过程的返回值，
                        所以需要在第1行"As返回值的数据类型"
                        中指定操作结果的数据类型。

End Function
```

Function过程名即是**函数名**，只需要在参数中指定操作必须用的数据即可。省略参数数据类型后，默认为Variant型。

Function过程中记录操作的执行后的结果是返回值（函数名=返回值），该返回值直接作为Function过程的返回值。

以下示例中，制作一个根据不同得分率返回不同评价的"**PINGJIA函数**"。得分8成以上评价为A，6成以上评价为B，4成以上评价为C，除此之外的评价为D。同时，得分率源数值"得分"与"满分"的值是空白和数值以外的情况时，均显示空白。

得分参数DEFEN为Variant型，满分参数MANFEN为Variant型，返回值为String型。

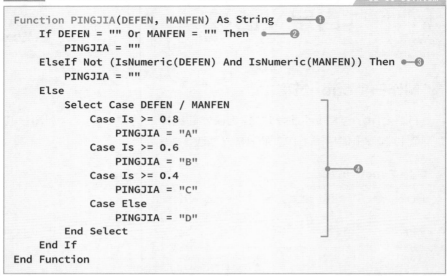

```
Function PINGJIA(DEFEN, MANFEN) As String          ●──❶
    If DEFEN = "" Or MANFEN = "" Then              ●──❷
        PINGJIA = ""
    ElseIf Not (IsNumeric(DEFEN) And IsNumeric(MANFEN)) Then  ●──❸
        PINGJIA = ""
    Else
        Select Case DEFEN / MANFEN
            Case Is >= 0.8
                PINGJIA = "A"
            Case Is >= 0.6
                PINGJIA = "B"                                 ──❹
            Case Is >= 0.4
                PINGJIA = "C"
            Case Else
                PINGJIA = "D"
        End Select
    End If
End Function
```

❶制作名为PINGJIA、返回字符串型返回值的自定义函数。该函数接受Variant型参数DEFEN和MANFEN。

❷参数DEFEN和参数MANFEN中任何一个参数为空时，函数PINGJIA返回值为""""（空白字符串）。

❸不为空白且DEFEN和MANFEN中任何一个参数不被识别为数值时，函数PINGJIA返回值为""""（空白字符串）。

❹除上述情况之外，执行Select Case语句。设置为，"DEFEN÷MANFEN"的结果大于等于0.8时返回A，大于等于0.6时返回B，大于等于0.4时返回C，其他情况返回D。

> **笔记**
>
> 该示例中，参数DEFEN和参数MANFEN是Variant型，所以省略了对参数数据类型的指定。

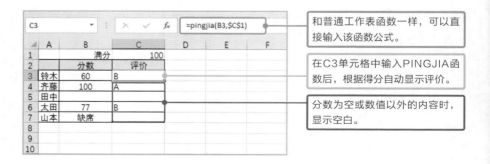

和普通工作表函数一样，可以直接输入该函数公式。

在C3单元格中输入PINGJIA函数后，根据得分自动显示评价。

分数为空或数值以外的内容时，显示空白。

　　检查制作好的自定义函数操作是否正确时，在立即窗口（**p.96**）中显示结果并检验结果。在立即窗口中直接输入"？函数名（参数值）"格式，如"？PINGJIA(66,100)"，然后按 Enter 键，显示以下结果。

```
立即窗口
? PINGJIA (66,100)
B
|
```

　　自定义函数使用参数值发生改变时将重新进行计算。工作表函数是能够自动重新计算的函数，每次在工作表中任何一个单元格内进行计算时，均执行重新计算。将自定义函数设置为自动重新计算时，需要在Function过程的开头部分写入Application.Volatile。

设置可省略的参数

　　在自定义函数中设置可省略的参数，需要在Function过程的第1行声明参数时使用**Optional关键字**。省略参数时，将通过既定值将指定的值代入参数。Optional关键字也可以用在Sub过程中。

格式 》 **Optional关键字**

Optional 参数名 As数据类型 = 既定值

　　以下示例中，省略参数MANFEN时，自动设置该参数值为100。

样本 设置参数为可省 `08-11-02.xlsm`

```
Function PINGJIA(DEFEN, Optional MANFEN = 100) As String
    If DEFEN = "" Or MANFEN = "" Then
        PINGJIA = ""
        :（省略）
End Function
```

使用Optional关键字时需要注意**带Optional关键字的参数之后的参数全部需要设置为可省**。设置多个参数的情况下，不可省略的参数需要在Optional关键字前声明，可省参数在Optional关键字之后声明。

传值与传引用

在Function过程和Sub过程中指定参数时，为参数加上ByVal后成为"传值"，加上ByRef或省略后成为"传引用"。

● **传值与传引用**

种类	说明
传值	接收复制的变量作为值。即使接受的值在过程内发生变化，源过程中变量的值也不变
传引用	接受的是变量在内存上的位置。过程内的变量值发生改变后，源过程内的变量值也发生改变

样本 传值与传引用 `08-11-03.xlsm`

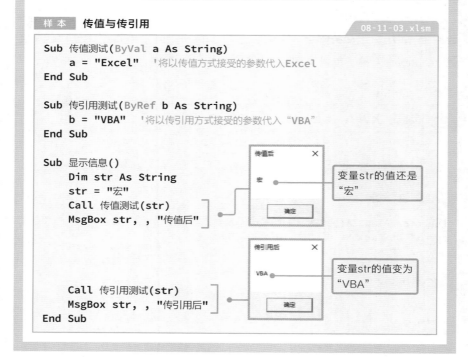

```
Sub 传值测试(ByVal a As String)
    a = "Excel"      '将以传值方式接受的参数代入Excel
End Sub

Sub 传引用测试(ByRef b As String)
    b = "VBA"        '将以传引用方式接受的参数代入"VBA"
End Sub

Sub 显示信息()
    Dim str As String
    str = "宏"
    Call 传值测试(str)
    MsgBox str, , "传值后"



    Call 传引用测试(str)
    MsgBox str, , "传引用后"
End Sub
```

变量str的值还是"宏"

变量str的值变为"VBA"

第 **9** 章

玩转
用户窗体

本章将详细介绍如何通过
VBA制作用户窗体（自制对话框
等）。用户窗体玩得转，VBA操作
路更宽。

01 用户窗体

扫码看视频

用户窗体概述

用户窗体是**用户自己制作的独特的对话框**。用户窗体包含按钮和文本框等"**控件**"，我们可以根据要求选择使用，制作出符合需求的输入界面和选择界面对话框。

● 排序窗体

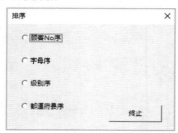

● 登录顾客数据窗体

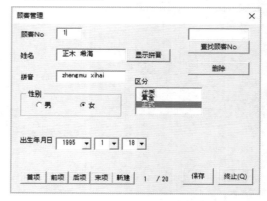

用户窗体制作步骤

下面介绍制作用户窗体的整体流程，具体内容将在以后介绍。制作用户窗体的步骤如下。

❶ 选择VBE[插入]→[用户窗体]选项。

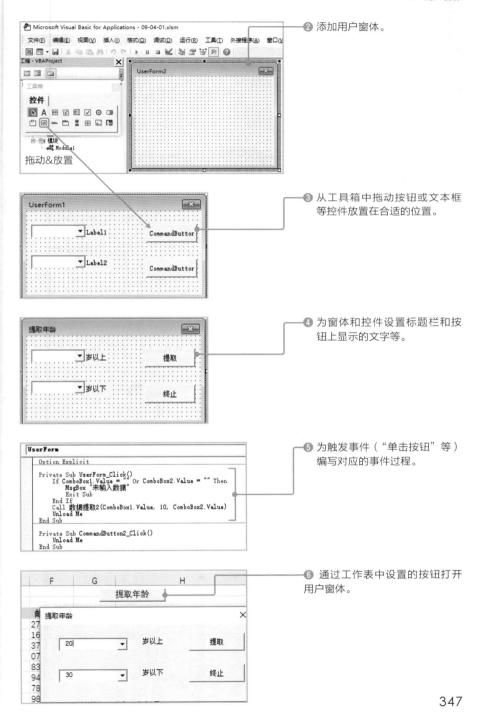

❷ 添加用户窗体。

❸ 从工具箱中拖动按钮或文本框等控件放置在合适的位置。

❹ 为窗体和控件设置标题栏和按钮上显示的文字等。

❺ 为触发事件（"单击按钮"等）编写对应的事件过程。

❻ 通过工作表中设置的按钮打开用户窗体。

第9章 玩转用户窗体

347

02 添加用户窗体与配置控件

添加用户窗体

本节以使用**"顾客一览表排序用户窗体"**为例，介绍用户窗体的具体制作流程。请大家一边学习一边操作。

● **根据选项按钮中指定的项目排列数据**

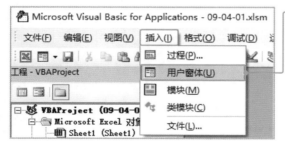

❶ 选择VBE［插入］→［用户窗体］选项。

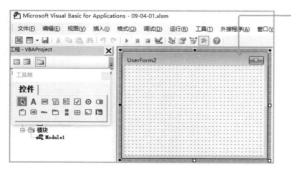

❷ 添加用户窗体。

提示

需要改变用户窗体的大小时，将鼠标指针放在方框右侧或下方与白色背景相交处，指针变为双箭头后，按鼠标左键拖动更改其大小。

> **笔记**
>
> 删除用户窗体时，在工程浏览器中右击窗体名称❶，选择［移除］→［用户窗体名>］命令❷。出现提示对话框后单击［否］按钮，即可删除用户窗体。

配置控件

添加用户窗体并调整为合适大小后，接下来为用户窗体配置控件（按钮和输入框等）。VBA的控件在**工具箱**中，本示例将用到了**命令按钮**和**选项按钮**。

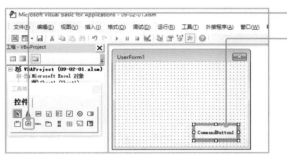

❶ 在工具箱中选择命令按钮。

❷ 在用户窗体中单击任意位置，即可添加命令按钮。

提示

工具箱不显示时，选择［视图］→［工具箱］选项即可打开。

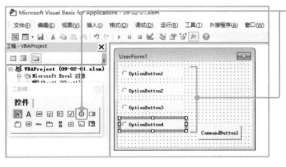

❸ 以相同方法，添加4个选项按钮并排列整齐。

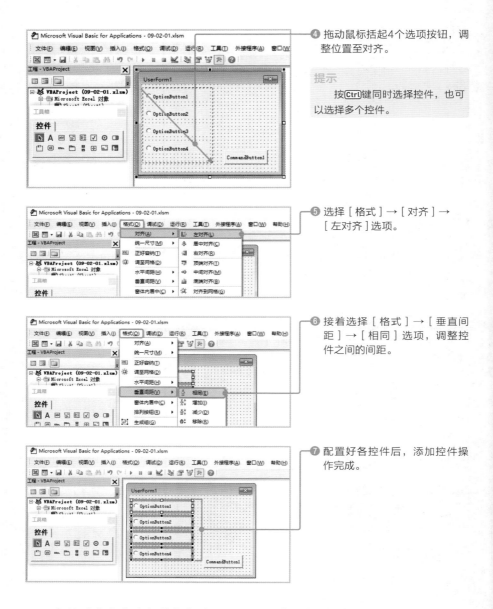

④ 拖动鼠标括起4个选项按钮，调整位置至对齐。

⑤ 选择［格式］→［对齐］→［左对齐］选项。

⑥ 接着选择［格式］→［垂直间距］→［相同］选项，调整控件之间的间距。

⑦ 配置好各控件后，添加控件操作完成。

在以后小节中介绍将如何为上述配置的各控件搭载功能。

VBE工具箱中的控件

VBE**工具箱**中包括以下控件。

● 工具箱中的控件

	控件种类	功能
▶	选定对象	选择窗体或控件
A	标签	显示文本
abl	文本框	输入或显示文本
冒	复合框	输入文本，或从下拉菜单中选择
三	列表框	从下拉菜单中选择
✓	复选框	在多个项目中同时选择多项
⦿	选项按钮	从多个项目中选择一项
▢	切换按钮	每次单击时切换ON/OFF
[ˣʸ]	框架	对控件分组
ab	命令按钮	单击按钮执行操作
▬	TabStrip	制作含多个选项卡的控件
▭	多页	制作多页控件
目	滚动条	滑动按钮，增减值
⬧	旋转按钮	单击按钮，增减值
🖼	图像	显示图像
🔳	RefEdit	选择单元格区域

制作用户窗体

03 用户窗体与控件的初始设置

扫码看视频

用户窗体的初始设置

通过**属性窗口**设置用户窗体和控件的初始设置（启动时的设置）。

本部分以上节制作的用户窗体（**p.348**）标题栏中的文本为例，介绍属性窗口的用法。

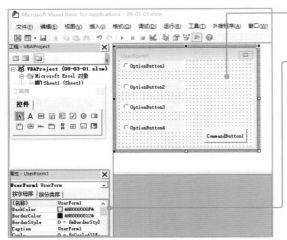

❶ 单击用户窗体的空白处，选择用户窗体。

❷ 选定的用户窗体的属性出现在属性窗口中。

提示

属性窗口不显示时，选择［视图］→［属性窗口］选项或按 **F4** 功能键打开属性窗口。

❸ 在Caption属性中输入标题栏中的文字

提示

属性中的［按字母序］表示按字母顺序排列，［按分类序］表示按项目分类排列。

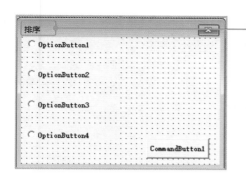

④ 用户窗体的标题栏中的文字更改为"排序"。

控件的初始设置

我们也可以在属性窗口对用户窗体中的控件进行初始设置。下面介绍如何设置命令按钮和选项按钮上的文字。

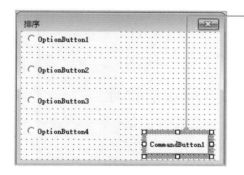

① 单击选择命令按钮。

② 在属性窗口的Caption属性中输入"终止"。

提示

更改Caption属性可以更改各控件上的文字，但控件名称本身（CommandButton1等）不会发生改变③。需要注意在代码中要用控件名称指定。

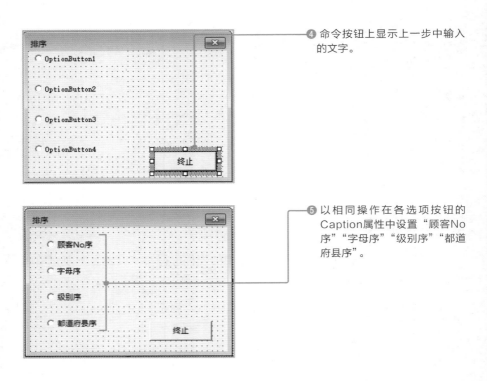

❹ 命令按钮上显示上一步中输入的文字。

❺ 以相同操作在各选项按钮的Caption属性中设置"顾客No序""字母序""级别序""都道府县序"。

如何为上述各控件关联事件过程,将在下一节详细说明。

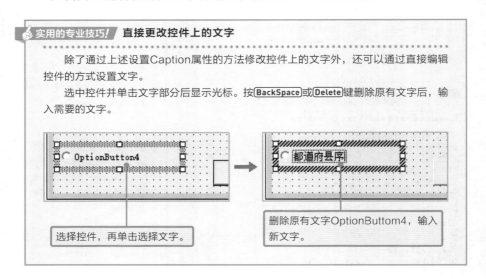

Excel +　制作用户窗体

Sample_Data/09-04/

04　编写事件过程

扫码看视频

编写单击命令按钮时执行的操作

在用户窗体中设置好控件后，需要编写相应的 **"事件过程"**，即让 **"过程可自发运行"** 的触发事件。

本节中利用前一节中制作好的用户窗体（p.352），编写一个内容为单击 **[终止]** 按钮后关闭用户窗体的事件过程。

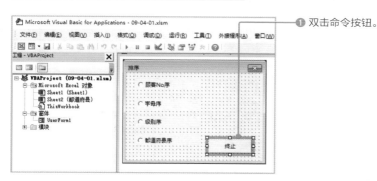

❶ 双击命令按钮。

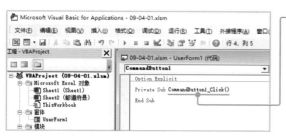

❷ 显示命令按钮的代码窗口，在自动生成的命令按钮默认事件 "Click事件" 中编写事件过程。

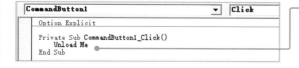

❸ 编写关闭用户窗体的代码 Unload Me。

Click事件是指单击控件时发生的事件。**Unload语句**用来关闭指定的用户窗体，并从内存中删除。**Me关键字**用于引用自己本身，此处是指引用用

第9章　玩转用户窗体

355

户窗体本身。写入Unload Me，代表"关闭用户窗体"。

编写选中选项按钮时执行的操作

接下来编写"**选中选项按钮后对顾客一览表排序**"的事件过程。

首先，编写选中选项按钮后执行调用的过程。以下示例是按顾客No顺序排列顾客一览表（**p.348**）的过程，该过程在模块中编写。

样 本　[按No序排列] 的过程　　　　　　　　　　　　　　　　　　　09-04-01.xlsm

```
Sub 按No序排列()
    Range("A3").CurrentRegion.Sort Key1:=Range("A3"), _
                                   Order1:=xlAscending, _
                                   Header:=xlYes
End Sub
```

在模块中编写完上述过程后，再进行以下操作。

❶ 在选项框下拉菜单中选择 OptionButton1选项按钮。

❷ 选项按钮默认事件是Click事件，并自动生成Click事件过程。

❸ 写入调用模块中的"按No序排列"过程的代码。

④ 按相同的方法，分别为其他选项按钮的Click事件编写相应的调用过程代码。

OptionButton2~4的事件过程

上例中关联到OptionButton2~4中的过程是本书第6章编写的内容。关于过程执行的具体操作请参照第6章。

- [按字母序排列]： p.231。
- [按特殊规则排列]： p.233。
- [按自定义列表排列]： p.235。

但是，**本章中用到的示例与第6章中的内容多少有些不同**，此处需要注意，**根据本章的示例变更指定排序列**。

第6章中没有出现的过程，请参考本章的下载文件（下载文件中有上述过程的内容）。

专栏

Private性质的过程

在用户窗体中编写的事件过程的Sub前有Private关键字。**Private意味着该过程只能从与该过程在同一模块内的过程调用（从其他模块无法调用）。**

而模块中的Sub过程不带Private关键字，可以从用户窗体模块调用。

第9章 玩转用户窗体

05 运行用户窗体

扫码看视频

查看制作完成后的用户窗体的操作是否正确

在前一节中，为用户窗体编写好要执行的事件过程（**p.355**）。本节将实际打开用户窗体来检验执行的操作是否正确。

运行用户窗体时，需要在用户窗体的设计界面或代码窗口打开的状态下，单击［**运行过程/用户窗体**］按钮。

❶ 单击［运行过程/用户窗体］按钮。

提示

也可以按 **F5** 功能键运行。

❷ Excel界面中出现用户窗体，查看选择选项按钮后是否执行排序操作，最后单击［终止］按钮。

如果执行的操作不正确时，单击［关闭］按钮打开代码窗口，检查并修改代码。请参考本书的示例文件。

通过工作表中的按钮调用用户窗体

我们可以在Excel的工作表中设置一个打开用户窗体的按钮。设置该按钮后，不需要每次单击 [运行过程/用户窗体] (p.358) 按钮。

本节中，**在模块中编写一则用于打开用户窗体的Sub过程，在工作表中添加一个按钮，并将过程关联到按钮中**。

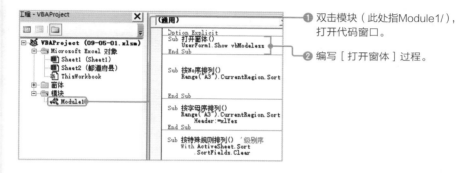

❶ 双击模块（此处指Module1/），打开代码窗口。

❷ 编写 [打开窗体] 过程。

样本 打开用户窗体

09-05-01.xlsm

```
Sub 打开窗体()
    UserForm1.Show vbModeless
End Sub
```

专栏

Show方法用来显示用户窗体

使用Show方法可以打开指定的用户窗体。

格式 >> **Show方法**

> 用户窗体名.Show([*Modal*])

设置参数*Modal*为vbModal或省略该参数后，用户窗体打开期间无法进行其他操作（Modal）。

设置参数*Modal*为vbModeless，用户窗体打开期间，可以在Excel中进行如选择、编辑单元格等操作（Modeless）。

第9章 玩转用户窗体

③ 打开要添加按钮的工作表，选择［开发工具］→［插入］→［按钮（窗体控件）］控件。

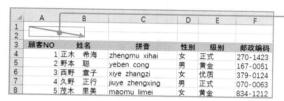

④ 拖动鼠标绘制按钮。

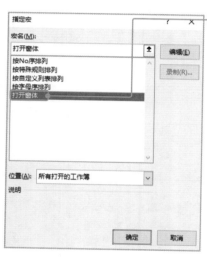

⑤ 显示［录制宏］对话框后，选择［打开窗体］选项，单击［确定］按钮。

⑥ 修改按钮上的文字为"排序"，单击任一单元格退出编辑按钮文字操作。单击该按钮后，显示用户窗体。

• 笔 记 •

本示例中设置了Modeless（**p.359**），用户窗体打开期间可以选择单元格。

用户窗体实例

Sample_Data/09-06/

06 使用文本框提取数据

扫码看视频

本节用户窗体概要

本部分中制作的内容为，**使用文本框中输入的值检索"顾客一览"工作表中的第2列（"姓名"列），并将检索结果输出到"提取结果"工作表中。**

● 使用文本框中输入的值提取数据

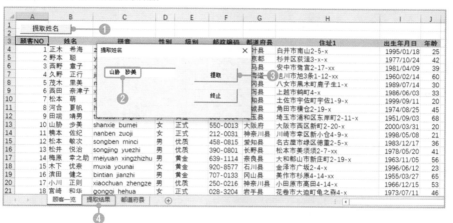

上图的用户窗体中包括以下功能。

- 单击"顾客一览"工作表中的［提取姓名］按钮①，显示［提取姓名］用户窗体。
- 在用户窗体的文本框中输入文字②，单击［提取］按钮③
- 在顾客一览表中查找输入的值，并将查找到的数据输出到"提取结果"工作表中④。

"提取结果"工作表的结构如下图所示。在B1单元格中显示**提取条件**，B2单元格中显示**检索到的目标数量**，以A4单元格为首单元格输出符合条件的"顾客NO""姓名""住址1""年龄"数据。

第**9**章　玩转用户窗体

361

[提取姓名] 按钮与 [复位] 按钮

"顾客一览"工作表中的 [提取姓名] 按钮和"提取结果"工作表上的 [复位] 按钮中关联了以下过程。所有过程全部在模块中编写。

样 本　　**[提取姓名] 按钮中关联的过程**　　　　　　　　　`09-06-01.xlsm`

```
Sub 提取姓名()
    '以Modeless方式显示用户窗体
    UserForm1.Show vbModeless
End Sub
```

※关于Modeless请参照p.375。

样 本　　**[复位] 按钮中关联的过程**　　　　　　　　　　`09-06-01.xlsm`

```
Sub 数据复位()
    '删除B1:B2单元格区域中的数据
    Range("B1:B2").ClearContents
    '删除A5单元格至D列最下方的数据
    Range("A5:D" & Rows.Count).ClearContents
    '选择A1单元格
    Range("A1").Select
End Sub
```

制作用户窗体

本部分制作的用户窗体如下图所示。并为各按钮关联相关事件过程（用户窗体的制作方法请参考p.348）。

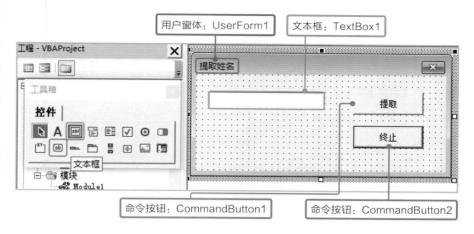

● 属性窗口中的设置内容

控件	属性名	设定值
用户窗体 UserForm1	名称	UserForm1
	Caption	提取姓名
命令按钮 CommandButton1	名称	CommandButton1
	Caption	提取
	Default	True
命令按钮 CommandButton2	名称	CommandButton2
	Caption	终止
	Cancel	True
文本框 TextBox1	名称	TextBox1
	ValueText	空白

　　文本框是一种可以输入和显示文字的控件，用于使用用户输入的任意文字执行操作。获取或设置文本框时使用**Value属性**或**Text属性**。Value属性返回Variant型值，Text属性返回String型值。

专栏

命令按钮的Default属性和Cancel属性

　　设置命令按钮的Default属性为True时，按键盘上的 (Enter) 键时视为单击该按钮。设置Cancel属性为True时，按键盘上的 (ESC) 键时视为单击该按钮。

第 9 章　玩转用户窗体

编写事件过程

编写以下事件过程并分别关联到［提取］按钮和［终止］按钮中。

```
Private Sub CommandButton1_Click()
    Call 提取数据(TextBox1.Text, 2) ●——❶
    Unload Me ●——❷
End Sub
```

❶调用"提取数据"过程时，在第1参数中设置文本框的输入值，第2参数中设置2（检索对象的列号即姓名列）。"提取数据"过程将在**p.381**中说明。Call语句的参数请参考**p.93**。
❷关闭用户窗体（**p.371**）。

```
Private Sub CommandButton2_Click()
    Unload Me
End Sub
```

编写［提取数据］过程

在模块中编写［提取数据］过程，单击用户窗体中的［提取］按钮时调用该过程。该过程执行查找、提取数据的操作。

此处，使用**AutoFilter方法**提取符合条件的数据，将提取结果输出到"提取结果"工作表。

［提取数据］过程的代码较长，大致可分为3部分。

［Ａ］提取准备。

［Ｂ］提取符合条件的数据。

［Ｃ］将提取结果输出到"提取结果"工作表。

接下来，我们学习具体的代码内容。

样 本 "提取数据"过程

```
'［A］提取准备
Sub提取数据(myJoken As String, myCol As Integer)  ●——❶
    Dim dRng As Range     '用于保存提取源的数据范围
    Dim sRng As Range     '用于保存提取出的数据的粘贴位置的首单元格
    Dim cnt As Long       '用于保存提取出的数据个数

    '参数中myJoken的值为""时终止操作
    If myJoken = "" Then Exit Sub  ●——❷

    Set dRng = Range("A3").CurrentRegion  ●——❸
    Set sRng = Worksheets("提取结果").Range("A4")  ●——❹
    With Worksheets("提取结果")
        .Range("B1:B2").ClearContents  ●——❺
        .Range(sRng.Offset(1), "D" & Rows.Count).ClearContents ●—❻
    End With

'［B］提取符合条件的数据
    dRng.AutoFilter Field:=myCol, Criteria1:=myJoken

'［C］将提取结果输出到"提取结果"工作表
    cnt = dRng.Columns(1).SpecialCells(xlCellTypeVisible).Count - 1 ●❼
    If cnt = 0 Then
        MsgBox "未找到符合条件的数据"
        ActiveSheet.AutoFilterMode = False      ——❽
        Exit Sub
    Else
        Worksheets("提取结果").Range("B1").Value = myJoken
        Worksheets("提取结果").Range("B2").Value = cnt      ——❾
        Union(dRng.Columns(1), _
              dRng.Columns(2), _
              dRng.Columns(8), _        ——❿
              dRng.Columns(10)).Copy Destination:=sRng
        ActiveSheet.AutoFilterMode = False  ●——⓫
        Application.Goto Worksheets("提取结果").Range("A1")  ●——⓬
    End If
    Set dRng = Nothing: Set sRng = Nothing '释放对象变量
End Sub
```

［A］部分操作内容

［A］部分中，为提取数据做如下准备。

❶指定第1参数myJoken为String型，第2参数myCol为Integer
型，编写名为"提取数据"的Sub过程。向第1参数myJoken中传
入要查找的字符串（文本框中输入的字符串）。

❷第1参数中接收的myJoken的值为"""时（文本框中未输入内
容），终止操作。

❸获取当前工作表（"顾客一览"工作表）中含A3单元格的表格（当
前区域），并将其代入变量dRng（提取源的数据范围）。

❹将"提取结果"工作表中的A4单元格代入变量sRng（该单元格是
保存提取出的数据的首单元格）。

❺删除"提取结果"工作表B1:B2单元格区域中的值。之后的操作为
在B1单元格中设置"提取条件"字样，B2单元格中设置"数据个
数"字样。

❻删除变量sRng的下一行至D列最下方单元格中的数据。

在上述❻的操作中，如果写入"Range（单元格1,单元格2）"，将引
用单元格1到单元格2的单元格区域（**p.100**）。上述内容中在单元格1中
指定"sRng.Offset（1）"，本示例中是指A5单元格（Offset的内容请参看
p.117）。

单元格2中指定的是"D" &Rows.Count。Rows.Count代码用来获取工作表
的行数（1048576），这里用来指单元格D1048576。即，A5：D1048576单元
格区域。

［B］部分操作内容

［B］部分中，使用参数中接收的要查找的字符，检索数据（myCol
列数据），提取符合条件（myJoken）的数据。查找并提取操作中使用
AutoFilter方法（**p.236**）。

操作完成时，设置顾客一览表只显示符合条件的数据。

［C］部分操作内容

［C］部分中，将［B］部分中提取出的数据输出到"提取结果"工作表。操作内容大致分为以下3部分。

- 获取提取的数据的个数。
- 数据个数为0时显示"未找到符合条件的数据"，终止操作。
- 数据个数为1及以上时，将所有数据输出到"提取结果"工作表。

接下来，请大家逐行学习。

样本　［C］部分操作：输出提取结果　　　　　　　　　　　　09-06-01.xlsm

```
' [ C ] 将提取结果输出到"提取结果"工作表
    cnt = dRng.Columns(1).SpecialCells(xlCellTypeVisible).Count - 1  ●❼
    If cnt = 0 Then
        MsgBox "未找到符合条件的数据"
        ActiveSheet.AutoFilterMode = False                          ●❽
        Exit Sub
    Else
        Worksheets("提取结果").Range("B1").Value = myJoken
        Worksheets("提取结果").Range("B2").Value = cnt               ●❾
        Union(dRng.Columns(1), _
                dRng.Columns(2), _
                dRng.Columns(8), _                                  ●❿
                dRng.Columns(10)).Copy Destination:=sRng
        ActiveSheet.AutoFilterMode = False          ●⓫
        Application.Goto Worksheets("提取结果").Range("A1")  ●⓬
    End If
    Set dRng = Nothing: Set sRng = Nothing '释放对象变量
End Sub
```

［C］部分执行以下操作。

❼获取提取数据的个数并代入变量cnt。数据个数通过计算（p.247）可视单元格（未被筛选掉的单元格）数量，再用-1减去标题行数据得出。

❽变量cnt的值为0时（没有符合条件的数据），提示信息，撤销自动筛选结束操作。

❾找到相关数据时，在"提取结果"工作表的B1单元格中显示myJoken的值（提取条件），B2单元格中显示变量cnt的值（数据个数）。

❿将变量dRng中的第1列（顾客NO）、第2列（姓名）、第8列（住址1）、第10列（年龄）的值汇总为一个单元格区域，复制到变量sRng的单元格中。

⓫撤销自动筛选。

⓬设"提取结果"工作表的A1单元格为当前单元格。

上述第❿步操作中执行的Application对象的Union方法用来返回**多个单元格集合**。希望可以一次处理多个单元格区域时使用该方法，非常方便。

格式 ≫ **Union方法**

Application对象.Union(***Arg1***, ***Arg2***, ［***Arg3***］)

参数 ｜ *Arg* ：通过Range对象指定需要汇总的单元格。

必须指定2个或2个以上的参数，当只指定1个参数时提示错误。另，Application可省略。

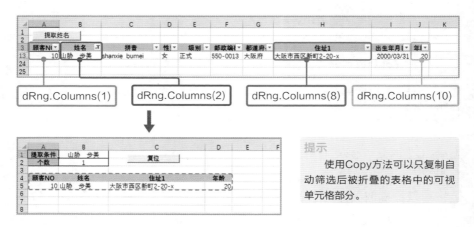

提示

　使用Copy方法可以只复制自动筛选后被折叠的表格中的可视单元格部分。

07 使用选项按钮提取数据

扫码看视频

本节用户窗体概要

本部分中制作的内容为：**使用选项按钮选择的值检索"顾客一览"工作表中的第4列（"性别"列），并将检索结果输出到"提取结果"工作表中。**数据提取操作部分使用上节中编写的**"提取数据"过程**（p.364），该过程位于模块中。

● 使用选项按钮选择的值提取数据

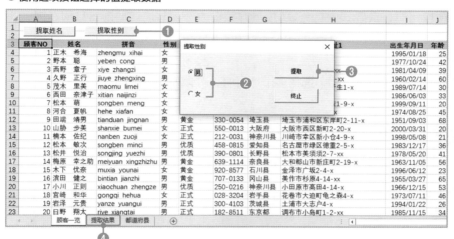

上图中的用户窗体包括以下功能。

- 单击"顾客一览"工作表中的"提取性别"按钮❶，显示"提取性别"用户窗体。
- 在选项按钮中选择性别❷，单击［提取］按钮❸。
- 在顾客一览表中查找选择的性别，将符合条件的数据输出到"提取结果"工作表❹。

［提取结果］工作表的结构如下图所示。在B1单元格中显示**提取条件**，B2单元格中显示**检索到的目标数量**，以A4单元格为首单元格输出符合条件的**"顾客NO""姓名""住址1""年龄"**数据。

	A	B	C	D	E
1	提取条件	男	复位		
2	个数	10			
3					
4	顾客NO	姓名	住址1	年龄	
5	2 野本	聪	杉并区荻注3-x-x	42	
6	4 久野	正行	旭川市旭3条1-12-xx	60	
7	9 田端	靖男	埼玉市浦和区东岸町2-11-x	68	
8	12 松本	敏次	名古屋市绿区德重2-5-x	36	
9	13 松井	悦治	松本市美须须2-7-xx	41	
10	14 梅原	幸之助	大和郡山市新庄町2-19-x	56	
11	16 滨田	健之	美作市杉原4-14-xx	65	
12	17 小川	正则	小田原市高田4-14-x	53	

选项按钮是**一种从多项中仅可选择1项的控件**。用户窗体中的配置多个选项按钮时，设置其中1个选项按钮的状态为开，其他选项按钮自动转为关闭状态。选项按钮的值通过Value属性获取和设定。打开时返回True，关闭时返回False。

希望从多个选项中选择多个项目时，可以使用复选框。

［提取性别］按钮与［复位］按钮

工作表中的［**提取性别**］**按钮**中关联以下过程，该过程编写在模块中。

样本　　［提取性别］按钮中关联的过程

09-07-01.xlsm

```
Sub 提取性别()
    UserForm2.Show vbModeless
End Sub
```

［**复位**］**按钮**中关联的过程（清除提取结果的过程）请参考**p.362**。

制作用户窗体

本部分中制作的用户窗体如下图所示。为各按钮关联事件过程。

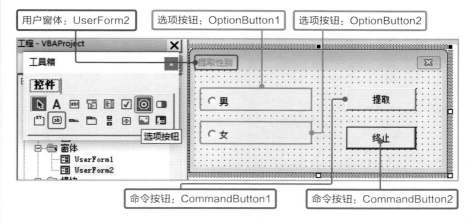

● 属性窗口中的设置内容

控件	属性名	设定值
用户窗体 UserForm2	名称	UserForm2
	Caption	提取性别
选项按钮 OptionButton1	名称	OptionButton1
	Caption	男
选项按钮 OptionButton2	名称	OptionButton2
	Caption	女
命令按钮 CommandButton1	名称	CommandButton1
	Caption	提取
	Default	True
命令按钮 CommandButton2	名称	CommandButton2
	Caption	终止
	Cancel	True

※Default属性与Cancel属性请参看p.363。

编写事件过程

下面将介绍如何为用户窗体中的［**提取**］**按钮**和［**终止**］**按钮**编写以下事件过程并关联。

样 本　［**提取**］**按钮中关联的过程**　　　　　　　　09-07-01.xlsm

```
Private Sub CommandButton1_Click()
    Dim ans As String
    '在条件中设置是否为True
    Select Case True
        'OptionButton1的值为True时，变量ans中代入"男"
        Case OptionButton1.Value
            ans = "男"
        'OptionButton2的值为True时，变量ans中代入"女"
        Case OptionButton2.Value
            ans = "女"
    End Select
    Call 提取数据(ans,4)        ●━━━❶
    Unload Me
End Sub
```

※当不选择OptionButton1和OptionButton2中任何一个选项按钮时，变量ans变为" " "（长度为0的字符串）。

在最后部分，调用**"提取数据"过程**（**p.364**）❶。指定第1参数为变量ans的值，第2参数为4。第2参数指定的是检索对象的列号，"顾客一览"工作表的第4列是性别列。

样 本　［**终止**］**按钮中关联的过程**　　　　　　　　09-07-01.xlsm

```
Private Sub CommandButton2_Click()
    Unload Me
End Sub
```

08 使用列表框提取数据

扫码看视频

本节用户窗体概要

本部分制作的内容为：**使用在列表框中选择的值检索"顾客一览"工作表中的第5列（"级别"列），并将检索结果输出到"提取结果"工作表中。**数据提取操作使用上节中编写的**"提取数据"过程**（**p.364**），该过程位于模块中。

● 使用在列表框中选择的值提取数据

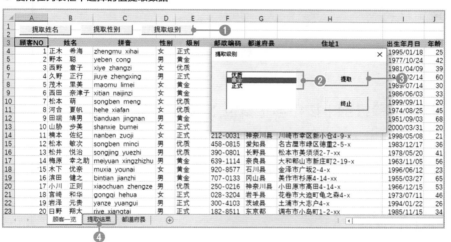

上图中的用户窗体包括以下功能。

- 单击"顾客一览"工作表中的［提取级别］按钮❶，显示［提取级别］用户窗体。

- 在列表框中选择级别❷，单击［提取］按钮❸。

- 在顾客一览表中查找选择的级别，将符合条件的数据输出到"提取结果"工作表❹。

第 9 章 玩转用户窗体

"提取结果"工作表的结构如下图所示。在B1单元格中显示**提取条件**，B2单元格中显示**检索到的目标数量**，以A4单元格为首单元格输出符合条件的**"顾客NO""姓名""住址1""年龄"**数据。

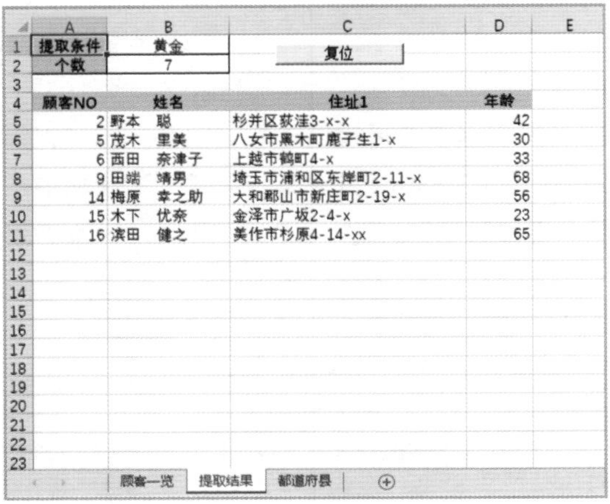

	A	B	C	D	E
1	提取条件	黄金	复位		
2	个数	7			
3					
4	顾客NO	姓名	住址1	年龄	
5	2	野本 聪	杉井区荻洼3-x-x	42	
6	5	茂木 里美	八女市黑木町鹿子生1-x	30	
7	6	西田 奈津子	上越市鹤町4-x	33	
8	9	田端 靖男	埼玉市浦和区东岸町2-11-x	68	
9	14	梅原 幸之助	大和郡山市新庄町2-19-x	56	
10	15	木下 优奈	金泽市广坂2-4-x	23	
11	16	滨田 健之	美作市杉原4-14-xx	65	
12					
13					
14					
15					
16					
17					
18					
19					
20					
21					
22					
23					

顾客一览　提取结果　都道府县　⊕

［提取级别］按钮与［复位］按钮

　　工作表中的［**提取级别**］**按钮**中关联以下过程，该过程编写在模块中。

样本　　［**提取级别**］**按钮中关联的过程**　　`09-08-01.xlsm`

```
Sub 提取级别()
    UserForm3.Show vbModeless
End Sub
```

　　［**复位**］**按钮**中关联的过程（清除提取结果的过程）请参考p.362。

制作用户窗体

　　本部分制作的用户窗体如下图所示。为各按钮关联事件过程（事件过程的编写方法请参考p.355）。

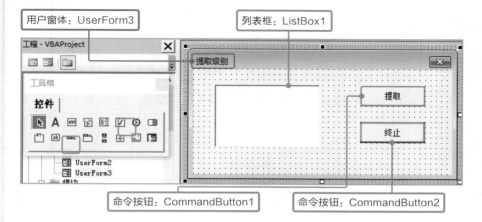

用户窗体：UserForm3

列表框：ListBox1

命令按钮：CommandButton1

命令按钮：CommandButton2

● 属性窗口中的设置内容

控件	属性名	设定值
用户窗体 UserForm3	名称	UserForm3
	Caption	提取级别
列表框 ListBox1	名称	ListBox1
命令按钮 CommandButton1	名称	CommandButton1
	Caption	提取
	Default	True
命令按钮 CommandButton2	名称	CommandButton2
	Caption	终止
	Cancel	True

※Default属性与Cancel属性请参看p.379。

专栏

列表框

　　列表框是一种将选项以菜单形式呈现的控件，所选的值可以通过Value属性获取。列表框中有多列时，无法通过Value属性获取（**p.404**）。
　　没有选择时，ListIndex的值为−1。

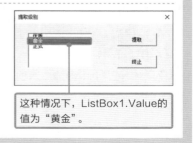

这种情况下，ListBox1.Value的值为"黄金"。

编写事件过程

为用户窗体中的 [提取] 按钮和 [终止] 按钮编写以下事件过程并关联。本示例中，通过单击 [提取级别] 过程时触发的Initialize事件过程为列表框添加项目。下面我们介绍**如何为列表框添加项目**（事件过程的编写方法请参照**p.355**）。

样 本　　**[提取] 按钮中关联的过程**　　09-08-01.xlsm

```
Private Sub CommandButton1_Click()
    '在参数中指定列表框的值，检索顾客一览
    Call 提取数据(ListBox1.Value, 5)
    Unload Me
End Sub
```

※ [提取数据] 过程的操作内容请参照**p.381**。

在Call语句的第2参数中指定检索对象的列号。"顾客一览"工作表的第5列是级别列。

样 本　　**[终止] 按钮中关联的过程**　　09-08-01.xlsm

```
Private Sub CommandButton2_Click()
    Unload Me
End Sub
```

使用Initialize事件为列表框添加项目

用户窗体中的Initialize事件，发生在用户窗体显示之前。因此，可以使用Initialize事件对用户窗体和控件进行初始设置。

本示例中，在Initialize事件过程中编写了添加列表框项目的内容。

在用户窗体代码窗口中的 [对象] 列表中选择UserForm选项，[过程] 列表中选择Initialize选项后开始编写Initialize事件过程。

使用ListBox对象的AddItem方法为列表框中添加项目。

格 式 >> **AddItem方法**

对象. AddItem(*item*, [*varIndex*])

参数 | *item* ：指定在列表框中添加的项目。
| *varIndex*：用整数0指定添加项目的添加行首行。省略时自上向下按顺序设置。

打开用户窗体前运行以下过程，为列表框中添加"优质""黄金""正式"3个选项。

样 本 为列表框添加项目   09-08-01.xlsm

```
Private Sub UserForm_Initialize()
    ListBox1.AddItem "优质"
    ListBox1.AddItem "黄金"
    ListBox1.AddItem "正式"
End Sub
```

实用的专业技巧! 通过单元格区域指定列表框中的项目

....

列表框中的显示项目还可以通过指定工作表中单元格区域的方式来指定，使用RowSource属性即可。在列表框中添加"级别"工作表A1:A3单元格区域的值的代码如下。

样 本 通过指定工作表与单元格区域的方法添加项目

```
Private Sub UserForm_Initialize()
    ListBox1.RowSource = "级别!A1:A3"
End Sub
```

另外需要注意，使用RowSource属性后无法再使用AddItem方法。

第9章 玩转用户窗体

09 使用复合框提取数据

本节用户窗体概要

本部分制作的内容为，**使用在复合框中选择的值检索"顾客一览"工作表中的第7列（"都道府县"列），并将检索结果输出到"提取结果"工作表中**。数据提取操作使用上节中编写的"提取数据"过程（**p.364**），该过程位于模块中。

● 使用在列表框中选择的值提取数据

上图中的用户窗体包括以下功能。

- 单击"顾客一览"工作表中的［提取都道府县］按钮❶，显示［提取都道府县］用户窗体。
- 在列表框中选择都道府县❷，单击［提取］按钮❸。
- 在顾客一览表中查找选择的都道府县，将符合条件的数据输出到"提取结果"工作表❹。

"提取结果"工作表的结构如下图所示。在B1单元格中显示**提取条件**，B2单元格中显示**检索到的目标数量**，以A4单元格为首单元格输出符合条件的"**顾客NO**""**姓名**""**住址1**""**年龄**"数据。

复合框是一种综合前面介绍的**文本框（p.361）**和**列表框（p.373）**功能的控件。可以直接输入值，也可以从列表中选择需要的值。该值可以通过**Text属性**或**Value属性**获取。

添加项目方面与列表框相同，可以使用**AddItem方法**和**RowSource属性（p.377）**。

[提取都道府县]按钮与[复位]按钮

工作表中的[提取都道府县]按钮关联以下过程。

样本　　**[提取都道府县]按钮中关联的过程**　　09-09-01.xlsm

```
Sub 提取都道府县()
    UserForm4.Show vbModeless
End Sub
```

[复位]按钮关联的过程（清除提取结果的过程）请参考**p.362**。

制作用户窗体

本部分制作的用户窗体如下图所示为各按钮关联事件过程（事件过程的编写方法请参考**p.355**）。

第9章　玩转用户窗体

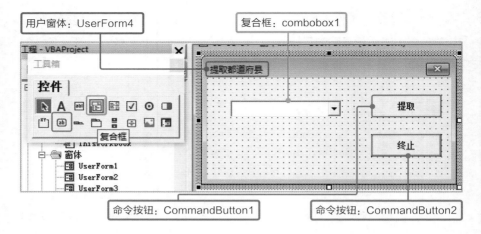

● 属性窗口中的设置内容

控件	属性名	设定值
用户窗体 UserForm4	名称	UserForm4
	Caption	提取都道府县
复合框 ComboBox1	名称	comboBox1
	RowSource	都道府县
命令按钮 CommandButton1	名称	CommandButton1
	Caption	提取
	Default	True
命令按钮 CommandButton2	名称	CommandButton2
	Caption	终止
	Cancel	True

本示例将**RowSource属性**的设定值设置为"都道府县"单元格名称。

实用的专业技巧！ **通过单元格名称指定复合框的值**

　　编写代码时，在Initialize事件过程中写入如下内容。

样本 **通过指定单元格名称的方法添加项目**

```
Private Sub UserForm_Initialize()
    ComboBox1.RowSource = "都道府县"
End Sub
```

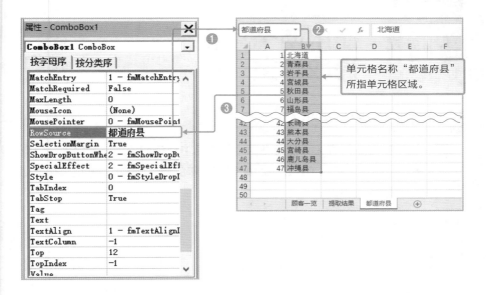

编写事件过程

为用户窗体中的［提取］按钮和［终止］按钮编写以下事件过程并关联。

样本　**［提取］按钮中关联的过程**　`09-09-01.xlsm`

```
Private Sub CommandButton1_Click()
    Call 提取数据(ComboBox1.Value, 7)
    Unload Me
End Sub
```

※"提取数据"过程的内容请参看p.381。

在Call语句的第2参数中指定检索对象的列号。"顾客一览"工作表的第7列是都道府县列。

样本　**［终止］按钮中关联的过程**　`09-09-01.xlsm`

```
Private Sub CommandButton2_Click()
    Unload Me
End Sub
```

10 使用两个复合框提取数据

扫码看视频

本节用户窗体概要

本部分制作的内容为，**使用在两个复合框中选择的值（○岁以上，○岁以下）检索"顾客一览"工作表中的第10列（年龄列），并将检索结果输出到"提取结果"工作表中。**

● 使用在2个复合框中选择的值提取数据

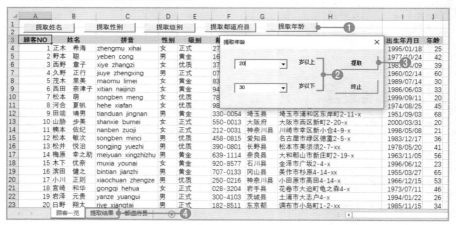

上图中的用户窗体包括以下功能。

- 单击"顾客一览"工作表中的［提取年龄］按钮❶，显示［提取年龄］用户窗体。
- 在复合框中选择年龄❷，单击［提取］按钮❸。
- 在顾客一览表中查找选择的年龄，将符合条件的数据输出到"提取结果"工作表❹。

"提取结果"工作表的B1单元格显示**提取条件**，B2单元格显示**检索到的目标数量**，以A4单元格为首单元格输出符合条件的数据。

[提取年龄] 按钮与 [复位] 按钮

工作表中的 [提取年龄] 按钮关联以下过程。

样 本 [提取年龄] 按钮中关联的过程   09-10-01.xlsm

```
Sub 提取年龄()
    UserForm5.Show vbModeless
End Sub
```

[复位] 按钮关联的过程（清除提取结果的过程）请参考p.362。

制作用户窗体

本部分制作的用户窗体如下图所示。为各按钮关联事件过程（事件过程的编写方法请参考p.217）。

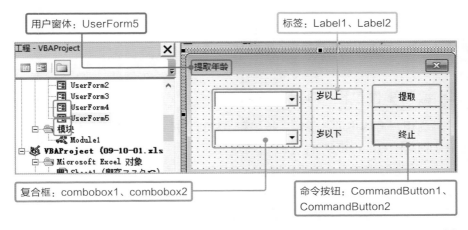

● **属性窗口中的设置内容**

控件	属性名	设定值
用户窗体 UserForm5	名称	UserForm5
	Caption	提取年龄
复合框 ComboBox1	名称	comboBox1
	Style	2-fmStyleDropDownList
复合框 ComboBox2	名称	comboBox2
	Style	2-fmStyleDropDownList
标签 Label1	名称	Label1
	Caption	岁以上
标签 Label2	名称	Label2
	Caption	岁以下
命令按钮 CommandButton1	名称	CommandButton1
	Caption	提取
	Default	True
命令按钮 CommandButton2	名称	CommandButton2
	Caption	终止
	Cancel	True

标签是一种可以在用户窗体的任意位置放置字符的控件。在属性窗口的**Caption属性**中设置需要的字符。使用代码设置时，编写"Label1.Caption="以上""。

复合框中的**Style属性**用来指定**复合框中值的选择和设置方式**。

设置为fmStyleDropDownCombo（默认值）时，可以从下拉菜单中选择，也可以直接输入。

设置为fmStyleDropDownList时，只可以从下拉菜单中选择（不可直接输入）。本示例采用不可直接输入的设置。

编写事件过程

为用户窗体中的［提取］按钮和［终止］按钮编写以下事件过程并关联。同时编写Initialize事件过程（**p.376**）。

- ［提取］按钮：使用在复合框选择的值检索"顾客一览"表。
- ［终止］按钮：关闭用户窗体。
- Initialize事件过程：为复合框中添加项目。

样本 ［提取］按钮中关联的过程 　　　　　　　　　　　　　　　`09-10-01.xlsm`

```
Private Sub CommandButton1_Click()
    If ComboBox1.Text = "" Or ComboBox2.Text = "" Then
        MsgBox "有未输入部分"
        Exit Sub
    End If
    Call 提取数据2(ComboBox1.Text, 10, ComboBox2.Text)
    Unload Me
End Sub
```

❶ComboBox1或ComboBox2任一复合框为空时，提示"有未输入部分"并终止操作。

❷调用"提取数据2"过程（**p.402**）时，在第1参数中设置ComboBox1的值，第2参数设置为10（年龄列），第3参数设置ComboBox2的值。

❸关闭用户窗体。

样本 ［终止］按钮中关联的过程 　　　　　　　　　　　　　　　`09-10-01.xlsm`

```
Private Sub CommandButton2_Click()
    Unload Me
End Sub
```

样本 Initialize事件过程 　　　　　　　　　　　　　　　　　　`09-10-01.xlsm`

```
Private Sub UserForm_Initialize()
    Dim i As Integer
    For i = 0 To 100
        ComboBox1.AddItem i
        ComboBox2.AddItem i
    Next
End Sub
```

❶变量i循环执行以下操作，循环次数为从0至100。

❷为ComboBox1和ComboBox2添加i的值，将从0到100的值设置在各复合框内（用作年龄的上限值和下限值）。

编写"提取数据2"过程

在模块中编写**"提取数据2"过程**，单击用户窗体中的［提取］按钮后调用该过程。该过程用于执行提取数据的操作。

操作内容基本与前面的**"提取数据"过程**（**p.364**）相同，但设置参数方面有些许不同。"提取数据"过程中仅指定2个参数（检索对象与检索对象列），而**本节中的用户窗体中有2个检索条件（年龄下限与上限），因此"提取**

数据2"中添加了第3参数，该参数可以省略。这样，两个检索条件（年龄下限与上限）和检索对象列共计3个值可以作为参数调用。该示例代码整体较长，大致可分为3个部分。

[A] 提取准备。

[B] 提取符合条件的数据。

[C] 将提取结果输出到"提取结果"工作表。

其中，[A] 部分与 [C] 部分的处理内容与**"提取数据"过程**中的内容基本相同，此处主要围绕 [B] 部分展开说明。

```vba
'［A］提取准备
Sub提取数据抽出2(myJoken, myCol As Integer, Optional myJoken2)      ❶
    Dim dRng As Range        '用于保存提取源的数据范围
    Dim sRng As Range        '用于保存提取出的数据的粘贴位置的首单元格
    Dim cnt As Long          '用于保存提取出的数据个数

    If myJoken = "" Then Exit Sub

    Set dRng = Range("A3").CurrentRegion
    Set sRng = Worksheets("提取结果").Range("A4")
    With Worksheets("提取结果")
        .Range("B1:B2").Value = myJoken
        .Range(sRng.Offset(1), "D" & Rows.Count).ClearContents
    End With

'［B］提取符合条件的数据
    If IsMissing(myJoken2) Then      ❷
        dRng.AutoFilter Field:=myCol, Criteria1:=myJoken      ❸
        Worksheets("提取结果").Range("B1").Value = myJoken      ❹
    Else
        dRng.AutoFilter Field:=myCol, _
                        Criteria1:=">=" & myJoken, _
                        Operator:=xlAnd, _                       ❺
                        Criteria2:="<=" & myJoken2
        Worksheets("提取结果").Range("B1").Value = _
            myJoken & " - " & myJoken2                          ❻
    End If
```

```
' [C] 将提取结果输出到"提取结果"工作表
    cnt = dRng.Columns(1).SpecialCells(xlCellTypeVisible).Count - 1
    If cnt = 0 Then
        MsgBox "未找到符合条件的数据"
        Worksheets("提取结果").Range("B1").ClearContents        ⑦
        ActiveSheet.AutoFilterMode = False
        Exit Sub
    Else
        Worksheets("提取结果").Range("B2").Value = cnt        ⑧
        Union(dRng.Columns(1), dRng.Columns(2), dRng.Columns(8), _
            dRng.Columns(10)).Copy Destination:=sRng
        ActiveSheet.AutoFilterMode = False
        Application.Goto Worksheets("提取结果").Range("A1")
    End If

    Set dRng = Nothing: Set sRng = Nothing
End Sub
```

☑ 可以省略的参数的指定方法

"提取数据2"过程中有3个参数。第1参数*myJoken*指定为Variant型，第2参数*myCol*为Integer型，这一点与**"提取数据"**过程相同。本示例中，将可以省略的第3参数*myJoken2*指定为Variant型❶。

需要设置参数为可以省略形式时，在参数名前添加**Optional关键字**，再指定参数名与数据类型（**p.343**）。需要注意，**加上Optional关键字之后的所有参数必须全部设为可以省略的形式**。本示例中，通过把年龄上限指定在第3参数中，使该过程即可用于单条件查找，也可用于双条件查找。

専栏

同时满足单条件查找与双条件查找

我们思考一下，为什么要将"提取数据2"过程中的第3参数设为可以省略的形式。原本，调用用户窗体时，必须同时设置ComboBox1（年龄下限）和ComboBox2（年龄上限）两个值，不能省略第3参数（年龄上限）。如果只考虑本示例中的用户窗体，不需要设其为可以省略的形式。

本示例之所以将第3参数设为可以省略的形式，是为了提高"提取数据2"过程的适用性。如果**将第3参数设置为可以省略的形式，该过程也适用于只设置1个检索条件的情况**。例如，"09-07使用选项按钮提取数据"（**p.369**）、"09-08使用列表框提取数据"（**p.373**）和"09-09使用复合框提取数据"（**p.388**）等也可以使用该过程。文本框和选项按钮等只需要1个检索条件时，执行省略第3参数myJoken2的操作，类似"○岁以上，○岁以下"这样指定2个检索条件时，使用第3参数在指定范围内检索。以上是设置第3参数myJoken2为可以省略的形式的原因。

☑IsMissing函数

当带Optional关键字的可以省略的、数据类型为Variant型的、未设置默认值的参数被省略后，**IsMissing函数**返回True。利用这一特征，可以分别编写省略参数时的操作与不省略时的操作❷。因此，在示例中声明可以省略的第3参数*myJoken2*为Variant型（省略数据类型时默认Variant型）。

☑省略第3参数*myJoken2*时执行的操作

省略第3参数*myJoken2*时，从变量dRng的myCol列数据中，提取含第1参数*myJoken*的数据❸。同时，将参数*myJoken*的值输出到"提取结果"工作表的B1单元格中❹。

☑不省略第3参数*myJoken2*时执行的操作

不省略第3参数*myJoken2*时，从变量dRng的myCol列数据中，提取大于等于第1参数*myJoken*的值，且小于等于第3参数*myJoken2*的值的数据❺。同时，**将用−连接的第1参数myJoken和第3参数myJoken2的值**输出到"提取结果"工作表的B1单元格中❻。

☑［C］部分操作内容（输出提取结果）

［C］部分的操作内容，与之前介绍的"提取数据"过程基本相同，但配合［B］部分内容稍许有些变化。

查找不到相应数据时（cnt=0），在❻中删除B1单元格中的内容❼。查找到相应数据时，在"提取数据"过程中，将*myJoken*的内容输出到B1单元格中，为了不删除❻中已输出的数据，只保留在B2单元格中输出目标数据个数的代码❽。

VBA实例

本章将介绍正文部分未涉及但非常实用的代码示例，并进行最简明讲解，对于已通读本书的读者是不难理解的。请大家再花些时间继续学习，进一步掌握VBA的操作和应用。

附录注意点

本书附录中，介绍两组VBA实用示例。但因受篇幅限制，附录部分的讲解以VBA代码为中心，详细程度略逊本书前面各章。在代码内容中若有不明之处，请大家参考前述各章内容。

Excel +

01 数据输入窗体

扫码看视频

数据输入窗体概述

本部分为大家介绍一组**将工作表中的数据读取至用户窗体，显示、编辑、查找、添加的工具**。具体功能如下。

- 单击工作表中的 [打开窗体] 按钮，打开 [顾客管理] 用户窗体。
- 在 [顾客管理] 用户窗体中，引用、添加、修改、删除、查找顾客信息。

● [顾客管理] 用户窗体

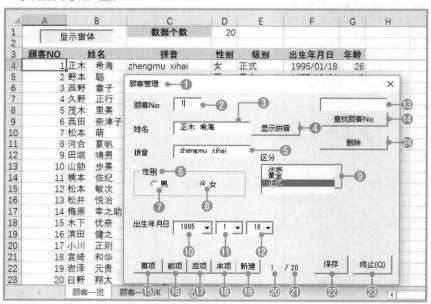

样本　　[打开窗体] 按钮中关联的过程　　10-01-01.xlsm

```
Sub 打开窗体()
    UserForm1.Show    '打开用户窗体
End Sub
```

390

● 属性窗口设置内容

序号	控件	属性	设定值
❶	用户窗体	名称	UserForm1
		Caption	顾客管理
❷	文本框	名称	txtNo
❸	文本框	名称	txtName
❹	命令按钮	名称	btnKana
		Caption	显示拼音
❺	文本框	名称	txtKana
❻	窗体	Caption	性别
❼	选项按钮	名称	optMan
		Caption	男
❽	选项按钮	名称	optWoman
		Caption	女
❾	列表框	名称	lstKubun
❿	复合框	名称	cmbYear
⓫	复合框	名称	cmbMonth
⓬	复合框	名称	cmbDay
⓭	文本框	名称	txtKensaku
⓮	命令按钮	名称	btnKensaku
		Caption	按顾客No
⓯	命令按钮	名称	btnTop
		Caption	首项
⓰	命令按钮	名称	btnPre
		Caption	前项
⓱	命令按钮	名称	btnNext
		Caption	后项
⓲	命令按钮	名称	btnLast
		Caption	末项
⓳	命令按钮	名称	btnNew
		Caption	新建
⓴	标签	名称	lblRec
㉑	标签	名称	lblAll
㉒	命令按钮	名称	btnSave
		Caption	保存
㉓	命令按钮	名称	btnQuit
		Caption	终止（Q）
		Accelerator	Q
㉔	命令按钮	名称	btnDel
		Caption	删除

```vba
'为列表框和复合框添加选项值
Private Sub UserForm_Initialize()  ●——①
    Dim i As Long

    '为列表框添加选项
    lstKubun.AddItem "优质"
    lstKubun.AddItem "黄金"
    lstKubun.AddItem "正式"

    '为复合框添加年选项
    For i = 1930 To 2020
        cmbYear.AddItem i
    Next

    '为复合框添加月选项
    For i = 1 To 12
        cmbMonth.AddItem i
    Next

    '为复合框添加日选项
    For i = 1 To 31
        cmbDay.AddItem i
    Next

    '打开窗体时显示表格的第1条记录（第1个）
    If Range("A4").Value = "" Then
        txtNo.Text = 1
        Set rRng = Range("A4")
    Else
        Call 读取记录(Range("A4").Value)  ●
    End If
End Sub
```

> 之后编写"读取记录"过程。

①Initialize事件过程请参考p.376.

```vba
Private Sub btnQuit_Click()
    Unload Me    '关闭用户窗体
End Sub
```

392

```
'接收代入有［顾客No］（rRng）值的参数cNo，将记录读取到窗体中
Dim rRng As Range
Const S_ROW As Long = 3    '表格中标题行的行号

'窗体中接收指定的记录
Sub 读取记录(cNo As Long)    '使用参数cNo接收"顾客No"
    Dim r As Long    '代入了顾客No所在单元格行号的变量
    Set rRng = Range("A3").CurrentRegion.Columns(1).Find( _
                    What:=cNo, lookat:=xlWhole)
    If rRng Is Nothing Then
        MsgBox "未找到数据""
        Exit Sub
    End If
    r = rRng.Row    '获取找到的单元格的行号

    '在文本框中显示值
    txtNo.Text = Cells(r, 1).Value    '顾客No
    txtName.Text = Cells(r, 2).Value    '姓名
    txtKana.Text = Cells(r, 3).Value    '拼音

    '在选项按钮中显示值（性别）
    Select Case Cells(r, 4).Value
        Case "男"
            optMan.Value = True
        Case "女"
            optWoman.Value = True
        Case Else
            optMan.Value = False
            optWoman.Value = False
    End Select

    '显示列表框中的值（级别）
    If Cells(r, 5).Value <> "" Then
        lstKubun.Text = Cells(r, 5).Value    ●——❷
    Else
        lstKubun.ListIndex = -1
    End If

    '显示复合框中的值（出生年月日）
    If Cells(r, 6).Value <> "" Then
        cmbYear.Text = Year(Cells(r, 6).Value)
        cmbMonth.Text = Month(Cells(r, 6).Value)
        cmbDay.Text = Day(Cells(r, 6).Value)
    Else
```

```
        cmbYear.Text = ""
        cmbMonth.Text = ""
        cmbDay.Text = ""
    End If

    '在标签中显示当前记录号与记录数
    lblRec.Caption = r - S_ROW
    lblAll.Caption = "/ " & Range("个数").Value
End Sub
```

❷将单元格中的值代入列表框的Text属性中后，列表框呈可选状态。这时需要将单元格内的值添加到列表框中。不添加时提示出错。

样本　**单击［显示拼音］按钮（btnKana）后执行的操作**　　10-01-01.xlsm

```
Private Sub btnKana_Click()
    '从姓名中获取拼音并显示在［拼音］栏
    txtKana.Text = Application.GetPhonetic(txtName.Text)  ●——❸
End Sub
```

❸使用Application对象的GetPhonetic方法，获取参数指定文字（本示例中指输入的文字）的拼音。

样本　**单击［后项］按钮（btnNext）后执行的操作**　　10-01-01.xlsm

```
'显示下一行记录
Private Sub btnNext_Click()
    '当前显示数据的行号与表格最下行单元格的行号相同时终止
    If rRng.Row = Range("A" & Rows.Count).End(xlUp).Row Then Exit Sub
    Call 读取记录(rRng.Offset(1).Value)  ●——❹
End Sub
```

❹以当前显示的数据的下一行单元格的值为参数，调用"读取记录"过程。

样本　**单击［前项］按钮（btnPre）后执行的操作**　　10-01-01.xlsm

```
'显示上一行记录
Private Sub btnPre_Click()
    '当前显示数据的行号与表格单元格A4的行号相同时终止
    If rRng.Row = Range("A4").Row Then Exit Sub
    Call 读取记录(rRng.Offset(-1).Value)  ●——❺
End Sub
```

❺以当前显示的数据的上一行单元格的值为参数，调用"读取记录"过程。

样本 单击[末项]按钮(btnLast)后执行的操作 `10-01-01.xlsm`

```
'显示最后一行记录
Private Sub btnLast_Click()
    Call 读取记录(Range("A" & Rows.Count).End(xlUp).Value)  ●—⑥
End Sub
```

⑥指定单元格A列的工作表最下一行的上方单元格(表格中最后一条记录)为参数,调用"读取记录"过程。

样本 单击[首项]按钮(btnTop)后执行的操作 `10-01-01.xlsm`

```
'显示首行记录
Private Sub btnTop_Click()
    Call 读取记录(Range("A4").Value)     ●———⑦
End Sub
```

⑦指定A4单元格为参数,调用"读取记录"过程。

样本 单击[新建]按钮(btnNew)后执行的操作 `10-01-01.xlsm`

```
'清除窗体中的数据以输入新建数据
'文本框txt1No为顾客记录末行加1后的值
Private Sub btnNew_Click()
    Dim lstRng As Range   '代入表格末行单元格记录的变量
    Dim obj As Control

    '重置UserForm1上全部控件值
    For Each obj In UserForm1.Controls
        Select Case TypeName(obj)
            Case "TextBox"
                obj.Value = ""
            Case "ListBox", "ComboBox"
                obj.ListIndex = -1
            Case "OptionButton"
                obj.Value = False
        End Select
    Next

    '获取最末单元格和新建单元格
    Set lstRng = Range("A" & Rows.Count).End(xlUp)   '最终单元格
    Set rRng = lstRng.Offset(1)

    '显示标签
    lblRec.Caption = ""
    lblAll.Caption = "新建记录"
    txtNo.Value = lstRng.Value + 1
End Sub
```

附录 VBA实例

395

```vba
'将窗体中显示的数据添加到表格
Private Sub btnSave_Click()
    Dim obj As Control, r As Long
    Dim birth As String, rng As Range

    '检查数据
    birth = cmbYear.Value & "/" & _
            cmbMonth.Value & "/" & cmbDay.Value
    Select Case True
        Case txtNo.Value = ""
            MsgBox "请输入顾客NO"
            Exit Sub
        Case txtName.Value = ""
            MsgBox "请输入姓名"
            Exit Sub
        Case optMan.Value = False And optWoman.Value = False
            MsgBox "请选择性别"
            Exit Sub
        Case lstKubun.ListIndex = -1
            MsgBox "请选择级别"
            Exit Sub
        Case IsDate(birth) = False
            MsgBox "请输入正确日期"
            Exit Sub
    End Select

    '检查重复
    Set rng = Range("A4").CurrentRegion.Columns(1).Find( _
                What:=txtNo.Value, lookat:=xlWhole)

    '发现相同顾客No时，确认是否替换
    If Not rng Is Nothing Then
        rng.Select
        If MsgBox("是否替换？", vbYesNo) = vbNo Then Exit Sub
        Set rRng = rng
    End If
```

```
    '输出数据
    r = rRng.Row
    Cells(r, 1).Value = txtNo.Value
    Cells(r, 2).Value = txtName.Value
    Cells(r, 3).Value = txtKana.Value
    If optMan.Value Then
        Cells(r, 4).Value = "男"
    Else
        Cells(r, 4).Value = "女"
    End If
    Cells(r, 5).Value = lstKubun.Value
    Cells(r, 6).Value = birth
    Cells(r, 6).NumberFormatLocal = "yyyy/mm/dd"
    Cells(r, 7).Formula = "=IF(" & Cells(r, 6).Address & _
        "=""""" , """", DATEDIF(" & Cells(r, 6).Address & _      ●──⑧
        ",TODAY(),""Y""))"

    '在标签中显示当前记录号与记录数
    lblRec.Caption = rRng.Row - S_ROW
    lblAll.Caption = "/ " & Range("件数").Value
End Sub
```

⑧在第r行7列单元格中输入计算年龄的公式：""=IF(F23="","", DATEDIF(F23",
TODAY(),"Y"))"（该公式中r为23），该公式由IF函数和DATEDIF函数组合而成。

```vba
'查找文本框中输入的顾客No
'查找到符合条件的数据后读取到用户窗体中
Private Sub btnKensaku_Click()
    Dim i As Long
    If IsNumeric(txtKensaku.Value) = False Then
        MsgBox "请输入顾客No"
        Exit Sub
    End If
    Call 读取数据(txtKensaku.Value)          ●————⑨
End Sub
```

⑨以txtKensaku中输入的值为参数，调用 "读取数据" 过程。

```vba
'删除当前用户窗体中显示的数据
Private Sub btnDel_Click()
    Dim ans As Integer      '信息的返回值
    Dim no As Long          '代入作为参数的顾客No
    Dim sRng As Range       '代入顾客一览的数据范围

    '提示确认删除信息，单击 [ 否 ] 后结束操作
    ans = MsgBox("删除后无法恢复" &vbCrLf& "确定删除? ", _
                vbYesNo + vbExclamation, "确认删除")
    If ans = vbNo Then Exit Sub     ●————⑩

    '确认rRng行号是否与表格最末行行号相同
    If rRng.Row = Range("A" & Rows.Count).End(xlUp).Row Then    ●————⑪
        no = rRng.Offset(-1).Value
    Else
        no = rRng.Offset(1).Value
    End If

    Range(rRng, rRng.Offset(, 6)).Delete xlShiftUp     ●————⑫
    '显示删除后变量no的数据
    Call 读取数据(no)
End Sub
```

⑩变量ans的值是vbNo时（单击对话框中的 [否] 按钮时），终止操作。

⑪当前窗体中显示数据的顾客No的行号如果是最末行，在变量no中代入当前数据的上一行行号，
　不是最末行时，代入当前数据的下一行行号。这用来代定删除记录后在窗体中显示的记录内容。

⑫删除当前记录，上移下一行。

398

02 简易估算系统

扫码看视频

简易估算系统概述

本部分介绍同时**利用Excel功能和VBA功能制作简易估算系统**，该系统中用到了本书目前为止讲到的所有内容。该系统功能较多，看上去比较难，但每个功能基本都是本书中介绍过的。[**估算书**] 工作表是主界面。另外还用到了**"估算一览"工作表、"客户一览"工作表**和 [**商品一览**] 工作表（后面介绍工作表内容）。

● 简易估算系统的界面

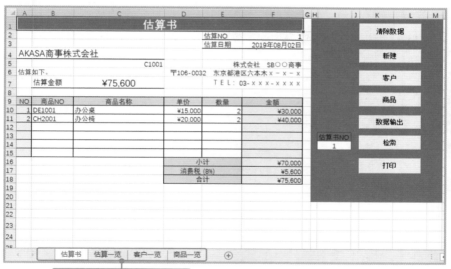

使用4个工作表制作该系统。

> **· 笔记 ·**
>
> 因篇幅有限，本部分不介绍该系统的具体代码内容，仅对各功能进行说明，请大家参照"设计图"尝试自己动手编写。本书示例文件中提供有详细代码，供大家参考。

VBA实例

附录

界面右侧各按钮分别执行以下操作。

● 简易估算系统中各按钮功能

按钮名称	说明
［清除数据］按钮	执行"清除数据"过程，删除估算NO、估算日期、客户名称、客户编号和详细数据
［新建］按钮	执行"新建"过程，输入估算NO的编号和估算日期
［客户］按钮	打开"客户"用户窗体，输入客户、客户编号
［商品］按钮	打开"商品"用户窗体，输入商品NO、商品名称、单价
［数据输出］按钮	将估算内容输出到时"估算一览"工作表
［检索］按钮	在"估算一览"工作表中查找"检索NO"单元格中输入的值，并读取到估算窗体
［打印］按钮	进行打印设置并打印

单击"估算书"工作表中**的［数据输出］按钮**后，估算内容输出到"估算一览"工作表。

● 简易估算系统的界面

	A	B	C	D	E	F	G	H	I
1	估算一览								
2									
3	估算NO	估算日期	客户NO	客户名称	商品NO	商品名称	单价	数量	金额
4	1	2018/11/28	C1001	AKASA商事株式会社	DE1001	办公桌	¥15,000	2	¥30,000
5	1	2018/11/28	C1001	AKASA商事株式会社	CH2001	办公椅	¥20,000	2	¥40,000
6	2	2018/11/28	C1005	AAA商会株式会社	CH2001	办公椅	¥20,000	2	¥40,000
7	3	2018/11/28	C1003	株式会社MAXY	DE1001	办公桌	¥15,000	5	¥75,000
8	3	2018/11/28	C1003	株式会社MAXY	CH2001	办公椅	¥20,000	5	¥100,000
9	3	2018/11/28	C1003	株式会社MAXY	PT4001	隔板	¥9,000	1	¥9,000
10	4	2018/11/28	C1002	TODEI工业株式会社	CH2001	办公椅	¥20,000	1	¥20,000
11	4	2018/11/28	C1002	TODEI工业株式会社	WA3001	推车（3层）	¥10,000	1	¥10,000
12	4	2018/11/28	C1002	TODEI工业株式会社	WA3002	推车（4层）	¥14,000	1	¥14,000
13	5	2018/11/29	C1004	株式会社天空产业	CH2001	办公椅	¥20,000	3	¥60,000
14	5	2018/11/29	C1004	株式会社天空产业	WA3001	推车（3层）	¥10,000	3	¥30,000
15									
16									
17									

为A3单元格设置名称"估算NO"。

"客户一览"工作表是table形式的**客户**一览表。该表格中A4：B8单元格区域的值将出现在［**客户**］**用户窗体**的列表框中。设置为table形式后，名为"客户名单"的单元格区域可以应对数据的增减。

400

● "客户一览"工作表

为A4：B8单元格区域设置名称"客户名单"。

"商品一览"工作表是table格式的**商品**一览表。该表格中A4：C11单元格区域的值将出现在[**商品**]**用户窗体**的列表框中。设置为table形式后，名为"商品名单"的单元格范围可以应对数据的增减。

● "商品一览"工作表

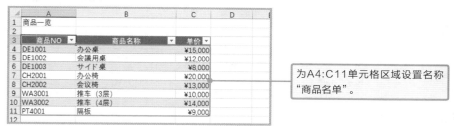

为A4:C11单元格区域设置名称"商品名单"。

附录 VBA实例

估算书中的计算公式

在"估算书"工作表中设置好以下计算公式，输入商品NO和数量等数据后自动进行计算。

● 估算书中设置的计算公式

单元格	计算公式	内容
C7	=F18	引用合计F18单元格中的值
A10	=IF(B10="","",ROW()-9)	自动显示明细行的序号。商品NO（单元格B10）不为空时，从当前行号中减去9并显示。复制到A15单元格
F10	=IF(B10="","",D10*E10)	单价×数量。商品NO（B10单元格）为空时，不显示数据。复制到F15单元格
F16	=SUM(F10:F15)	明细行的金额合计
F17	=F16*F17	小计×消费税率，显示消费税率。在E17单元格中输入消费税率
F18	=SUM(F16:F17)	小计+消费税率。显示估算金额

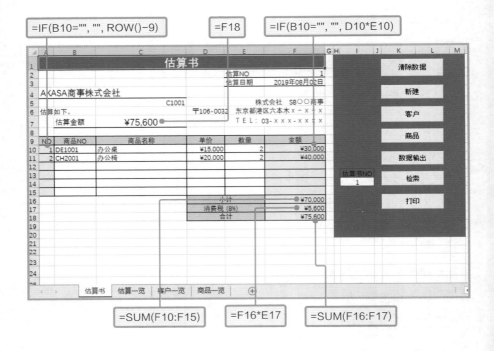

=IF(B10="", "", ROW()-9)   =F18   =IF(B10="", "", D10*E10)

=SUM(F10:F15)   =F16*E17   =SUM(F16:F17)

[客户] 用户窗体的结构

单击 [**客户**] 按钮后显示 [**客户**] 用户窗体，该窗体的列表框与命令按钮中配置以下内容。

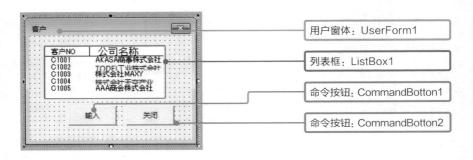

用户窗体：UserForm1

列表框：ListBox1

命令按钮：CommandBotton1

命令按钮：CommandBotton2

> **笔记**
>
> 列表框设为2列。指定单元格区域"客户名单"为选项内容。在属性窗口的ColumnCount属性中设置为2，ColumnsHeads中设置为True，显示列标题。在ColumnWidths属性中用"："分隔第1列和第2列，如"55pt；70pt"，单位为英寸。

● 各控件［属性窗口］中的设置

元素	属性	设定值
用户窗体 UserForm1	名称	UserForm1
	Caption	客户
列表框 ListBox1	名称	ListBox1
	ColumnCount	2
	ColumnHeads	True
	ColumnWidths	55pt；70pt
	RowSource	客户名单
命令按钮 CommandButton1	名称	CommandButton1
	Caption	输入
命令按钮 CommandButton2	名称	CommandButton2
	Caption	关闭

［商品］用户窗体的结构

单击［商品］按钮后显示［商品］用户窗体，该窗体的列表框与命令按钮中配置以下内容。

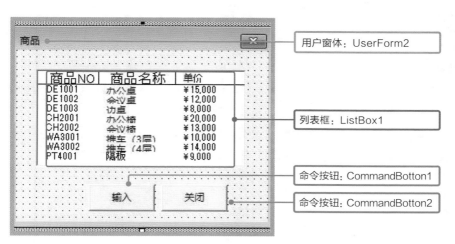

笔记

列表框设为3列。指定单元格区域"商品名单"为选项内容。在属性窗口的ColumnCount属性中设置为3，ColumnsHeads中设置为TrueMultiSelect属性设置为Ture，该属性表示可同时选择多项。

元素	属性	设定值
用户窗体	名称	UserForm2
UserForm2	Caption	商品
	名称	ListBox1
	ColumnCount	3
列表框	ColumnHeads	True
ListBox1	ColumnWidths	55pt；70pt；55pt
	MultiSelect	Ture
	RowSource	商品名单
命令按钮	名称	CommandButton1
CommandButton1	Caption	输入
命令按钮	名称	CommandButton2
CommandButton2	Caption	关闭

笔 记

　　[客户] 窗体、[商品] 窗体都会将在列表框中所选行的第○列的值输出到单元格中。使用 List属性，按 "列表框名.List（行，列）" 的格式，指定并获取列表框内的行与列。行和列均是以0为第1位数，按顺序向后进行。

　　所选行可以通过ListIndex属性获取。例如，[客户] 窗体中，列表框的客户NO（第1列）的值显示在C5单元格中，代码如下。参考此代码，大家试着编写将其他值显示在单元格内的代码。

样 本　获取所选行　　　　　　　　　　　　　　　　`11-01-01.xlsm`

```
Range("C5").Value = ListBox1.List(ListBox1.ListIndex, 0)
```

　　以上是简易估算系统的大概说明。我们在学习以上内容时参考与本书示例文件，动手编写该系统。相信已学习完本书的读者，一定能完成。